职业教育食品类专业教材

U0812642

裱花蛋糕制作

张 磊 吴 昊 **主编**

中国轻工业出版社

图书在版编目（CIP）数据

裱花蛋糕制作 / 张磊，吴昊主编. — 北京：中国轻工业出版社，2025.9

ISBN 978-7-5184-4373-4

Ⅰ. ①裱…　Ⅱ. ①张…　②吴…　Ⅲ. ①蛋糕—糕点加工—中等专业学校—教材　Ⅳ. ①TS213.2

中国国家版本馆CIP数据核字（2023）第028167号

责任编辑：张　靓　王宝瑶　　责任终审：李建华　　整体设计：锋尚设计
策划编辑：张　靓　王宝瑶　　责任校对：朱　慧　朱燕春　　责任监印：张　可

出版发行：中国轻工业出版社（北京鲁谷东街5号，邮编：100040）
印　　刷：艺堂印刷（天津）有限公司
经　　销：各地新华书店
版　　次：2025年9月第1版第2次印刷
开　　本：787×1092　1/16　印张：12.75
字　　数：300千字
书　　号：ISBN 978-7-5184-4373-4　定价：54.00元
邮购电话：010-85119873
发行电话：010-85119832　010-85119912
网　　址：http://www.chlip.com.cn
Email：club@chlip.com.cn

251452J3C102ZBW

本书编写人员

主　编　张　磊　吴　昊

参　编　王超南　毛　懋　王　舒　安凤楼　张天亦
　　　　赵凝双　付思奇　张金萍　蔺　瑞　王　薇

前言

蛋糕裱花是西式糕点制作中常用的一种装饰工艺，通过裱挤的手法，在蛋糕表面用奶油、豆沙、果酱、水果等材料进行装饰。裱花蛋糕主要由蛋糕坯和装饰材料组合而成，它是现代糕点制作技术和绘画、造型艺术相结合的产物。裱花蛋糕深受广大消费者的喜爱，有较大的市场需求。裱花技术是西式面点师、糕点装饰师、裱花师等岗位的必备技能。通过本课程的学习，培养学生具备基础的裱挤能力，能够运用不同手法完成各种裱花蛋糕的工作任务，同时，培养良好的职业道德、严谨的工作作风和务实的工作态度，为将来从事蛋糕装饰工作奠定基础。

本教材适合食品烘焙专业学生，包括四个项目：制作水果奶油蛋糕、制作花卉主题裱花蛋糕、制作卡通生肖主题裱花蛋糕和制作陶艺主题裱花蛋糕。在制作水果奶油蛋糕项目中主要介绍常用工具和原料、蛋糕坯的制作、抹制蛋糕坯和水果装饰技巧；在制作花卉主题裱花蛋糕项目中学习五瓣花、雏菊、康乃馨、玫瑰花等基本花卉的裱挤，以及蛋糕的整合和装饰；在制作陶艺主题裱花蛋糕项目中学习抹刀推、压纹、镂空、直包技法。

本教材以裱花师的真实工作任务和真实工作场景为背景，以实际工作过程为主线，以先完成单一任务，再完成综合任务，最终实现能独立完成工作为目的编写。教材中将操作要点以扫二维码看视频的形式穿插在任务中，数字化资源的运用有助于学生清晰准确地理解操作要点。本教材以学生职业发展为根本，以学生就业为导向，以校企合作、工学结合、“教学做”一体、技能与素质培养并重为设计理念；把食品安全、传统文化、诚实守信、节约环保、工匠精神等思政元素融入教学中，提升学生的职业素养和思想政治信念。

本书由张磊、吴昊担任主编，王超南、毛懋、王舒、安凤楼、张天亦、赵凝双、付思奇、张金萍、蔺瑞、王薇参与编写。北京一轻食品集团、上海市现代食品职业技能培训中心、北京小丽都食品科技有限公司等单位的技术骨干对本书提供了宝贵建议和技术支撑。特别感谢李嘉欣、王亚平在教材编写和拍摄等方面的辛苦付出！

由于编者的学识和水平有限，书中难免存在疏漏之处，恳请读者提出宝贵意见。

编者

目录

项目一

制作水果奶油蛋糕

学习目标

知识目标

1. 掌握厨师机、抹刀、转台等常用设备、工具的使用方法。
2. 了解奶油的种类(植物奶油、动物奶油)、特性及动物奶油打发方法。
3. 熟知海绵蛋糕的原料配方和制作流程，熟知转台钟表方向的位置。
4. 了解水果奶油蛋糕的风格特点和水果的选择与搭配原则。

能力目标

1. 能按照操作流程，正确打发动物奶油，准确控制打发程度。
2. 能按照安全卫生操作流程，根据配方制作海绵蛋糕坯。
3. 能用动物奶油抹制海绵蛋糕坯直面。
4. 能正确掌握水果装饰技巧，并合理装饰蛋糕。

素养目标

1. 通过课后练习巩固技能知识，构筑一个牢固的知识“地基”，为日后进一步的学习打好基础。
2. 通过制作水果奶油蛋糕，了解西点制作中用到的专业工具和设备，巩固基础知识，提升求知探索的学习能力。

建议学时

12学时

任务描述

水果奶油蛋糕是用低筋面粉、奶油、水果等原料做成的，深受人们喜爱。本任务通过小组合作的方式完成，每组4人。通过制作水果奶油蛋糕加强基础知识的学习，制作过程严格遵守实训室安全操作守则，正确使用工具和设备，遵守卫生标准流程，团队协作完成。

知识导学

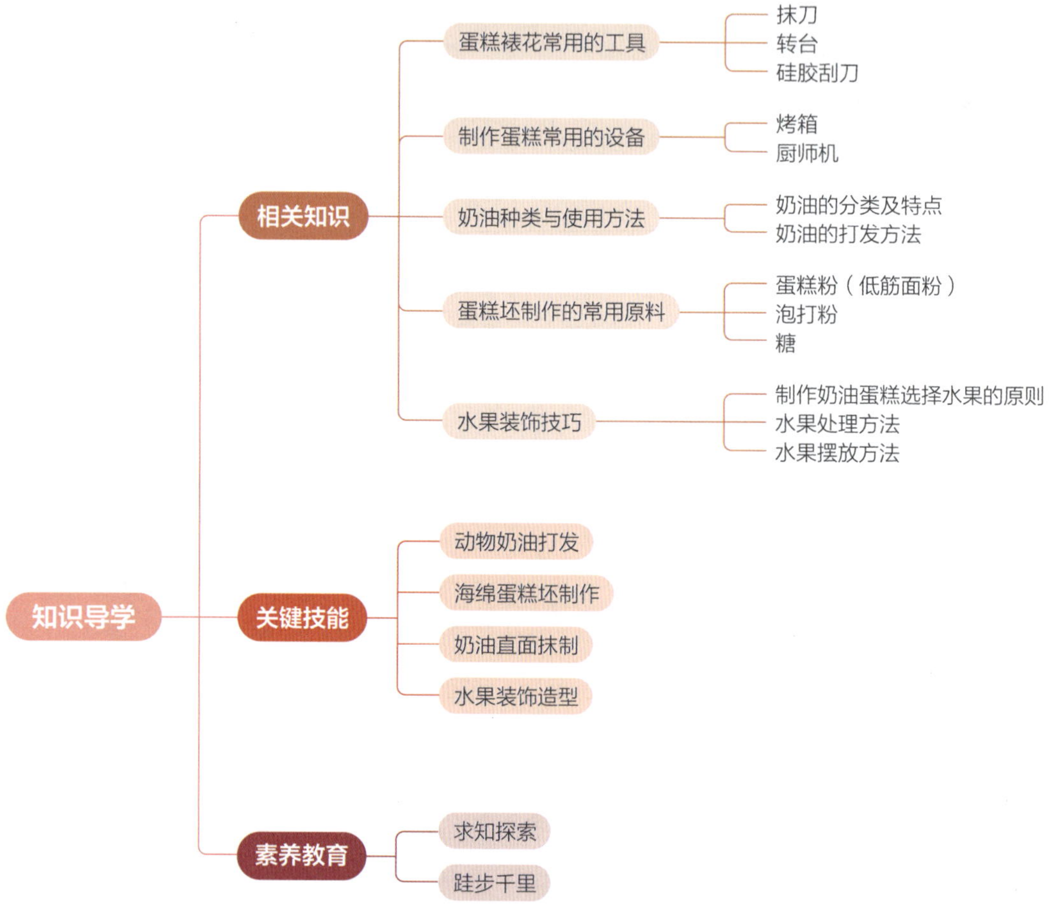

知识链接

一、蛋糕裱花常用的工具

1. 抹刀

抹刀是抹制奶油的主要工具，按照形状分为曲柄抹刀和直柄抹刀，见图1-1。二者形状区别在于刀片与手柄连接处是否有一处较短的弯折。在实际使用时，曲柄抹刀在移动蛋糕或修整蛋糕表面时更易操作，在甜品制作中应用更多；在奶油抹面时，通常选用直柄抹刀，操作起来更加方便。

抹刀按照尺寸不同分为6寸、8寸、10寸、12寸。当抹刀接触到奶油时，刀刃须翘起

30°，使奶油向刀面内侧移动。在使用抹刀时，无名指、中指放于刀刃后，大拇指调节刀刃的角度，食指要放于刀面的一半处，以防止刀的前端翘起，使用方法请见图1-2。

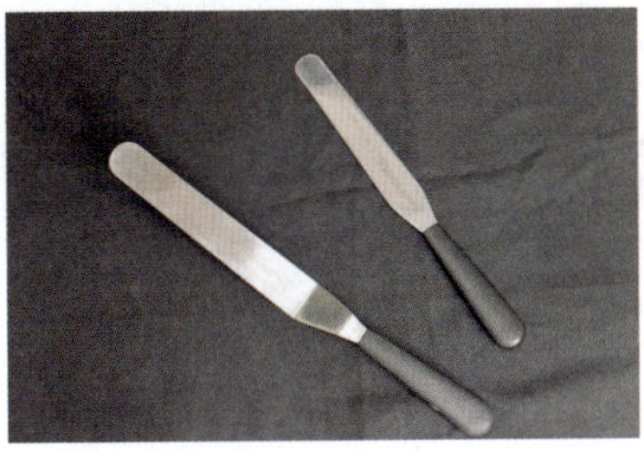

图1-1　曲柄抹刀和直柄抹刀

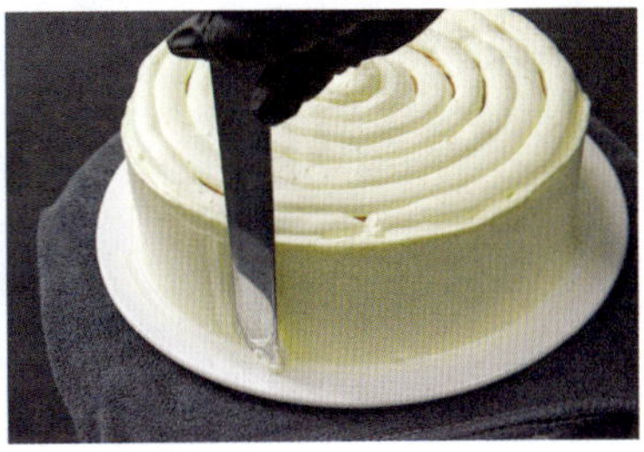

图1-2　手持抹刀姿势

2. 转台

转台为制作裱花蛋糕的基本工具之一。制作裱花蛋糕时，需要旋转转台，并借助惯性使其保持稳定匀速旋转，与此同时，调整抹刀角度和方向抹平蛋糕表面。转台的材质也多种多样，最常见的转台为铝合金转台、玻璃转台、塑钢转台和塑料转台，不同材质转台的优缺点见表1-1。

表1-1　不同材质转台的优缺点

转台	优点	缺点
铝合金转台	（1）惯性好； （2）转速稳定； （3）结实耐用	材质沉重
玻璃转台	（1）易清洗； （2）转速稳定	易碎
塑钢转台	（1）惯性好； （2）转速稳定； （3）轻便	漆层容易脱落
塑料转台	材质轻便	惯性较差

在裱花蛋糕制作中，常会提到转盘的6点钟方向或12点钟方向等，那么这些位置到底在哪呢？见图1-3钟表方向示意图。通常将转台面理解为一个钟表表盘，用钟表的指针方向表明裱花嘴或抹刀在转盘上的位置，利于初学者理解。

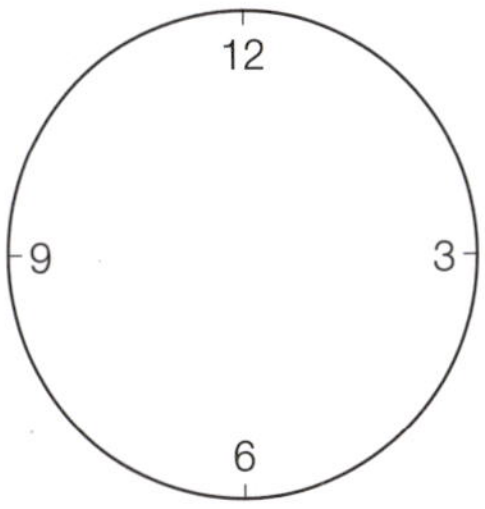

图1-3　钟表方向示意图

3. 硅胶刮刀

硅胶刮刀又称橡皮刮刀，见图1-4，是以硅胶或者橡胶材质制作而成的，适用于搅拌面糊、奶油、黄油等烘焙材料，因刀头较为柔软，可以轻松刮干净容器里的蛋糕面糊或者奶油，使用范围十分广泛，也可以用于蛋糕表面的抹平，使蛋糕表面烘烤均匀平整。

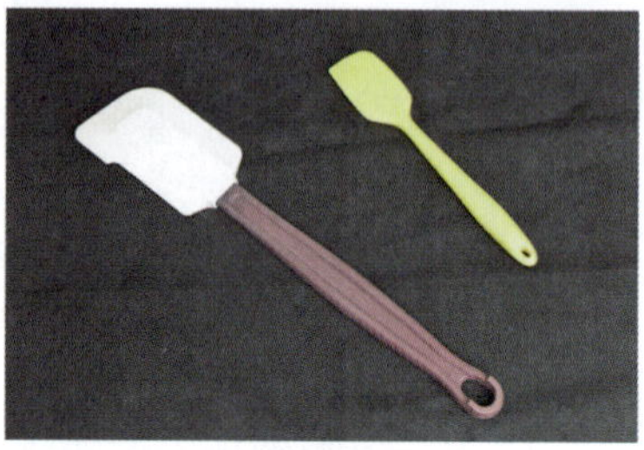
图1-4 硅胶刮刀

二、制作蛋糕常用的设备

1. 烤箱

烤箱是烘焙中不可或缺的设备，比较常用的有风炉烤箱和平炉烤箱，热源一般为电力或燃气。

（1）风炉烤箱 风炉烤箱也称热风炉烤箱，是通过风机循环箱体内被加热系统加热过的高温空气对食物进行烘焙，在烤蛋挞、饼干、酥皮月饼以及其他酥皮类点心时，可使产品口感更为酥脆，烤制效果更好。

（2）平炉烤箱 平炉烤箱也称层炉烤箱，是通过面火、底火两组加热系统散发热量对中间层的食物进行焙烤。平炉烤箱可以更好地锁住水分，因此更适合烘焙蛋糕坯、面包等。

2. 厨师机

厨师机（图1-5）是具揉面、打蛋、搅拌等多功能为一体的设备，在中西式面点制作中，可以打发奶油、搅拌面糊和面团、制作馅料等，方便且能提高效率，所以使用率非常高。

图1-5 厨师机及配套工具

（1）厨师机的结构 厨师机主要由搅拌球、搅拌桨、S形和面钩、搅拌缸等组成。搅拌鲜奶油一般都是用搅拌球；搅拌桨为制作曲奇饼干等产品时搅拌面糊使用；和面钩为搅拌小份面团时使用。

（2）厨师机使用的注意事项

①使用前，先检查变速器是否有损坏，搅拌缸、搅拌球等设备配件是否齐全。

②厨师机应放在稳定的桌面上，避免在工作时产生晃动，不宜经常搬动。

③将侧面的安全阀向上扳开，使机头上升。切勿在机头处于提升位置时运行搅拌设备。

④注意投入的物料量，不要超过桶内标注的“MAX线”。

⑤切勿让机器空转。

⑥切勿让机器主体、电线或插座受潮。

⑦安装（更换）配件前、使用后及清洁前均须关掉机器并拔掉电源。

厨师机的
使用方法

三、奶油种类与使用方法

1. 奶油的分类及特点

（1）分类　奶油是裱花蛋糕最为常用的装饰材料，奶油分为植物奶油和动物奶油。

植物奶油又称人造奶油、植脂奶油等，常常被作为动物奶油（淡奶油）的替代品。植物奶油多是植物油氢化后，加入人工香料、防腐剂、色素及其他添加剂制成的。

动物奶油又称淡奶油或稀奶油，是从牛奶中提炼出来的，具有天然的浓郁乳香，呈现出乳黄色，口感好。

（2）特点

①价格：植物奶油是由植物油加工而来，价格较为低廉。动物奶油（淡奶油）的材料源于牛奶，价格相对昂贵。

②打发率：打发率指的是奶油经过高速搅拌后，体积的膨胀率。奶油的打发过程中，随着搅拌球的高速旋转，大量空气充入奶油中，使奶油膨胀起来变成固体。

植物奶油可以膨胀到原体积的3～4倍。

动物奶油可以膨胀到原体积的3.0倍左右。

③稳定性：动物奶油和植物奶油相比，动物奶油水分含量多、无任何色素和化学稳定剂，易融化，制作裱花蛋糕时造型持久性差，需要在0～5℃冷藏保存，室温条件下时间稍长就会变软。动物奶油打发前冷藏放置至少12h，奶油温度不能高于10℃，打发时的室温要求在18℃以下为佳，可隔冰水打发。

植物奶油储存于-18℃，使用前需将植物奶油置于冷藏柜中（2～7℃）解冻，碎冰完全融化后，即可使用，也可以采用流水或温水（不超过30℃）解冻。植物奶油打发的最佳温度为4～7℃，打发好的温度一般为13～16℃最佳。植物奶油融化温度比动物奶油高，稳定性强，能裱挤出各种样式和立体造型，在室温下也不易融化。

两种不同奶油具体特点如表1-2所示。

表1-2　不同奶油的特点

奶油	保存方法	打发、塑形性	口感、成分	价格方面
植物奶油	冷冻	（1）易打发； （2）塑形性好； （3）稳定性强	（1）可能含反式脂肪酸； （2）口感较为甜腻	相对低廉
动物奶油	冷藏	（1）不易打发； （2）塑性差； （3）稳定性差	（1）牛奶加工提取； （2）口感清爽； （3）打发过程需额外加糖	相对较高

（3）奶油的鉴别　动物奶油颜色呈自然的乳白色，略有发黄；在香气方面，越是等级高的动物奶油，所含乳脂量越高，奶味越浓。

植物奶油是人工合成的，颜色大多呈现亮白色，与动物奶油相比颜色更加雪白；植物奶油中加入了人工调配成的合成香精，具有明显的“香味”。

也可以用手搓的方法鉴别：将奶油置于掌心，反复揉搓，动物奶油会很快消失在掌心，手掌内只剩余少量油脂；而植物奶油多次揉搓后仍不会融化，随着揉搓时间的延长，植物奶油甚至会在掌心成型。

2. 奶油的打发方法

（1）植物奶油的打发　植物奶油的主要成分是植物脂肪，同时添加少量乳化剂、增稠剂、天然色素、糖浆、盐等。在打发植物奶油的时候，先将解冻好的植物奶油用中低速搅拌至液体出现大气泡，然后中高速搅拌至液体变浓稠、表面光泽消失，并有软尖峰出现，最后继续慢速搅拌，使奶油组织状态更加细腻、稳定，达到使用的最佳状态。

（2）动物奶油的打发　动物奶油与植物奶油的打发有所不同，动物奶油是从牛奶里提取出来的，经冷藏保存，在加工过程中也没有添加糖类。所以在打发动物奶油的步骤中没有慢速搅化冰碴的步骤，在打发过程中加入细砂糖，先慢速打至糖化，再中速打至出现明显纹路，最后慢慢搅拌。

（3）动物奶油的打发状态　动物奶油的打发状态大致分为三种：湿性打发、中性打发、干性打发，下面具体介绍操作过程。

①湿性打发：奶油在搅打过程中，出现轻微纹路，用搅拌球力度均匀地提起，奶油尖短且呈抛物线状，即为湿性打发。此种状态下的奶油适合用来制作流心馅料、蛋糕淋面、奶盖饮品等，具体状态见图1-6。

②中性打发：奶油在搅打过程中，出现较大的波浪形纹路，且不易消失，用搅拌球力度均匀地提起时，奶油尖短且呈小弯钩的鸡尾状，即为中性打发状态。此种状态的奶油适合用来制作蛋糕夹馅、裱花蛋糕抹面、奶油裱花装饰等，制作奶油裱花蛋糕时，最宜使用中性打发状态的奶油，具体状态见图1-7。

③干性打发：奶油在搅打过程中，出现奶油与桶壁边缘分离的情况，且奶油无光泽，有明显的气泡声。用搅拌球力度均匀地提起时，奶油尖短且呈短尖峰状，即为干性打发。此种状态的奶油适合用来制作塑性较强的陶艺裱花蛋糕和立体裱花造型，具体状态见图1-8。

图1-6　湿性打发状态

图1-7　中性打发状态

图1-8　干性打发状态

四、蛋糕坯制作的常用原料

1. 蛋糕粉（低筋面粉）

蛋糕粉主要用于蛋糕坯制作，蛋白质含量较高筋面粉含量低，筋力较弱，一般面筋含量小于24%。大多数蛋糕的结构主要由鸡蛋和淀粉构建，但筋力过强时，蛋糕内部会出现较大空洞、质地不均匀，需要低筋面粉平衡蛋糕的硬度和嫩度。

2. 泡打粉

泡打粉是一种碳酸氢钠（小苏打）与水溶性酸晶体及保护性淀粉介质包裹的混合物，见图1-9。淀粉在其中起到防止酸性物和碱性物相互反应的作用。当该混合物与液体接触时，碳酸氢钠和水溶性酸晶体溶解并相互作用，此时发生化学反应，会产生使面糊膨发的二氧化碳。

图1-9　泡打粉

3. 糖

糖有三个基本种类：单糖、双糖和多糖。

葡萄糖和果糖属于单糖，由相同单糖组成的糖称为多糖。蔗糖属于双糖，与麦芽糖和乳糖一样。糖的种类不同，甜度也不同，乳糖的甜味要比常用的蔗糖淡一些，而果糖（水果、蜂蜜中的糖）要比蔗糖更甜。

糖（及甜味剂）在烘焙中可起到如下作用。

①增加甜味或香味。

②软化面筋结构，使产品的质地更为细腻，增加制品表面的色泽。

③保持水分，延长产品的保质期。

④与油脂混合，可以作为乳化剂；与鸡蛋混合，可以当发泡剂。

⑤是酵母菌的主要作用对象。

从市场销售的角度，糖可以分为以下三种。

（1）转化糖浆　当蔗糖溶液与酸性物质一起加热时，部分蔗糖就会分解成等量的单糖葡萄糖和果糖，这种混合物称作“转化糖”，其甜度比一般的蔗糖高约30%，即转化糖浆，多在制作巧克力和其他甜品中使用。

（2）砂糖　砂糖是烘焙产品中常见原料，细砂糖比一般砂糖更细一些，可迅速溶解到面糊中，吸收更多的油脂，适合制作蛋糕和曲奇；粗砂糖颗粒比较大，常用来制作糖浆。

（3）糖粉　糖粉是一种洁白的粉末状糖类。颗粒极细，含有3%～10%的淀粉，有防潮作用，可直接筛在西点成品上做表面装饰。

五、水果装饰技巧

1. 制作奶油蛋糕选择水果的原则

（1）勿选择切开后易褐变的水果　天然水果如苹果、桃、香蕉、梨等在加工过程中，如出现机械损伤，果肉会曝露于空气中，颜色会因褐变反应由正常的白色或淡黄色转变为褐色，不仅影响美观还对风味和营养价值会产生较大影响。因此，制作水果蛋糕时水果表面需刷果胶或用柠檬汁浸泡以抑制褐变的发生。

（2）挑选颜色鲜明的水果　草莓、蓝莓、樱桃常常是装饰蛋糕的首选，可根据主题挑选搭配的水果，使蛋糕颜色协调统一，具有美感，让人产生食欲。

（3）水分过多的水果不宜选择　例如西瓜，含水量较大，会将奶油溶化，影响整体美观。

（4）优先挑选个头小巧、均匀的水果　在蛋糕装饰中，小巧的水果显得更加精致，反之，体积较大的水果不但占用空间大，而且显得笨拙。

2. 水果处理方法

根据不同水果的外形和结构，采用不同的处理方式，下面列举一些常规的处理方法，但并不局限于以下方式，可根据不同设计风格改变。

（1）浆果　浆果包括黑莓、蓝莓、车厘子、越橘、黑茶藨子、红茶藨子、矮越橘、山莓和草莓等。浆果外形圆实饱满、洁净、有光泽，清洗过程中用水流轻轻冲洗，尽量避免触摸，再排干水分。红茶藨子等一般要保留枝条，注意轻拿轻放以防擦伤。

（2）葡萄　选用硬实、成熟、色鲜、成串的葡萄，洗净晾干，除了无籽葡萄，都需切成两半，用刀尖剔去葡萄籽。

（3）芒果　芒果的皮薄而结实，果肉为黄或橙黄色，多汁味美，削皮后剔下果肉或在削皮前切成两半，用薄刃刀沿果核两侧剔下果肉，切丁备用。

3. 水果摆放方法

根据蛋糕设计风格的不同，可在摆放上适当留白，留白处可以写字或摆放卡片。

（1）对称式　对称式摆法大多摆放于较简单的蛋糕面，常为面对称、角对称等，主要以罐头水果或片状及整块水果体现，具有摆放简易、色块均匀、整齐清晰的特点，是市场上甜品店常用的装饰手法。

（2）丰富式　丰富式摆法以水果用量多为特点，蛋糕表面水果丰盛，色彩丰富，可增强食欲。

（3）艺术式　艺术式摆法是以简单的水果或其他材料对蛋糕表面进行的创意装饰，体现创新及艺术性。

问题探究

查阅相关资料并借助以下题目完成预习任务。

1. 选择题

下列不属于植物奶油特点的是（　　）。

A. 以植物油脂为主要原料　　B. 打发率高

C. 口感细腻　　D. 可重复使用，不易干燥

2. 判断题

存放打发后鲜奶油的最佳温度是-10～-5℃（　　）。

3. 填空题

动物奶油和植物奶油的储存温度分别是__________和__________。

4. 观察生活中的水果奶油蛋糕都是如何装饰的，并绘制出自己想要完成的蛋糕草图。

5. 请各小组讨论并以绘制思维导图的方式梳理制作本任务水果奶油蛋糕的操作流程及要点。

任务准备

按照要求完成“制作水果奶油蛋糕”的工作任务准备。

1. 设备工具

设备工具准备如图1-10所示，包括厨师机、盆、刮刀、抹刀、转台等。

图1-10　制作水果奶油蛋糕的设备工具

各个小组长汇总本任务所需要的原料和工具，以班级为单位填写工具原料领用单（见附录一）。

2. 原料准备

原材料准备，如表1-3所示。

表1-3　水果奶油蛋糕制作原料表

海绵蛋糕坯		蛋糕装饰	
原料	用量	原料	用量
鸡蛋	250g	动物奶油（淡奶油）	1000g
细砂糖	125g	细砂糖	35g
低筋面粉	100g	草莓	200g
泡打粉	2g	蓝莓	200g
盐	3.0g	猕猴桃	1颗
水	20g	芒果	1颗
色拉油	75g	火龙果	1颗
SP蛋糕油	20g	薄荷叶	5片
		冻干水果片	5片

3. 确定工作方案

以小组讨论的形式制订“制作水果奶油蛋糕”的工作方案（岗位分工、岗位职责、岗位要求），并填写工作方案表（见附录二）。

任务实施

1. 动物奶油打发

配图	操作方法	操作说明
	将动物奶油从冷藏室中取出，倒入盆中500mL	
	加入35g细砂糖至盆内（淡奶油与糖类的比例为100：7），分次与奶油一起打发	动物奶油的打发
	使用厨师机或电动打蛋器先慢速打至糖化，再中速打至出现明显纹路，最后慢慢降速，搅拌棒提起呈小弯钩状	动物奶油的塑性较差，容易打发过度，所以在打发过程中，不可长时间多次打发，并且要注意室温，一般控制在19℃左右，也要注意工具的选择，少量的动物奶油使用料理盆和电动打蛋器即可，大量的奶油才会使用厨师机进行打发

2. 海绵蛋糕坯制作

配图	操作方法	操作说明
	准备工作： （1）准备制作模具与工具：8寸蛋糕模具、电动打蛋器、硅胶刮刀等； （2）过筛所有粉类原料，称取全蛋液； （3）烤箱预热，上火160℃，下火165℃	
	将细砂糖加入全蛋液中，打发至浓稠、发白	
	低筋面粉、泡打粉加盐过筛于蛋糊中拌匀	
	将SP蛋糕油加入面糊中，使用手持打蛋器打发至浓稠、发白	
	把色拉油和水使用打蛋器搅匀，加入蛋糕面糊中搅拌均匀	
	将蛋糕面糊倒入模具至八分满，震出面糊中的气泡，上火160℃，下火165℃，烘烤40min左右	
	出炉，放凉即可	海绵蛋糕坯制作

3. 奶油直面抹制

配图	操作方法	操作说明
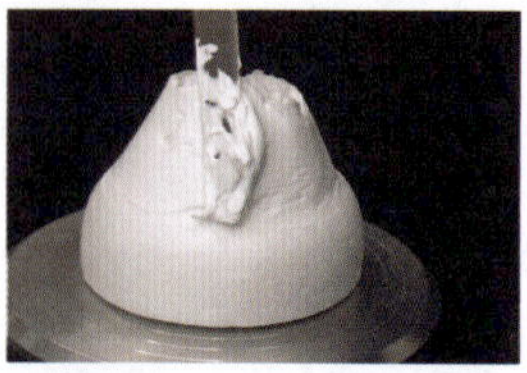	用抹刀将奶油放置于蛋糕坯顶部	在抹制海绵蛋糕坯之前，用泡沫坯学习和练习抹面方法
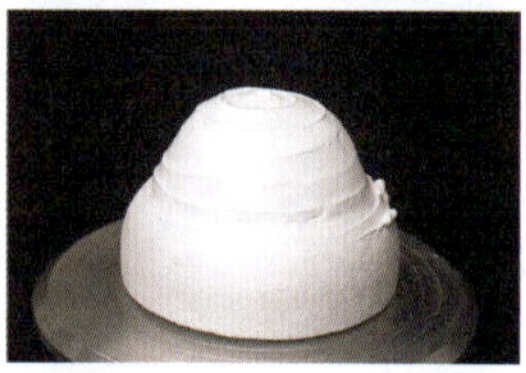	将抹刀刀刃向自己打开35°角放在蛋糕坯9点钟位置，转动转台，将奶油面抹光滑并拉出水纹	
	抹刀与转台保持平行，刀面向内打开30°	
	左手逆时针匀速转动转台，右手将抹刀放置在蛋糕坯中心3点钟位置，保持平稳，缓缓将顶部奶油压平	
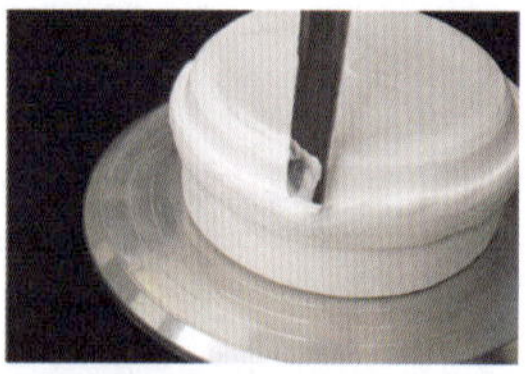	抹刀刀尖放置在离蛋糕边缘1cm处，刀柄与平面呈45°，刀面翘起30°，左手逆时针匀速转动转台，保持平稳，右手轻轻向下推抹刀	
	抹刀与蛋糕平面的角度由45°到65°、75°、80°、90°逐渐变化，左手逆时针匀速转动转台，保持平稳，右手整体向下推抹刀	
	推至侧边奶油垂直于转台	抹刀向下推奶油时，奶油要控制在刀面的内侧

配图	操作方法	操作说明
	抹刀向内打开15°，放于蛋糕坯9点钟位置，左手逆时针匀速转动转台，保持平稳，将侧面奶油赶至顶部且高于顶部奶油1cm左右	
	抹刀平行放于蛋糕坯3点钟位置	
	刀尖翘起30°角，左手匀速转动转台，用抹刀修出光滑的奶油面	
	将抹刀沿着边缘直线平行移动到中心点，刮掉多余的奶油	（1）右手力度要轻柔； （2）抹刀刀刃始终要紧贴奶油面
	将抹制好的奶油直面移至白色圆盘上	
	反复练习后，用奶油抹制直面	奶油直面的抹制
	将水果按照设计图进行修剪整理后摆放于蛋糕上	

三款不同风格造型的水果装饰蛋糕

对称式造型

丰富式造型

艺术式造型

成本核算与流程结束整理

根据实际情况，进行本次产品的成本核算，并填写成本核算表（见附录三）与流程结束整理清单（见附录四）。

总结与复习

请在完成以下题目的过程中对本任务进行总结与复习。

1. 回顾本任务，完成填空。

（1）动物奶油又称_________，稳定性较_________，最适宜温度为_________；如果储存和使用不当，会出现_________；动物奶油需冷______12h以上，奶油缸保持无______、无______；当动物奶油出现______以后，需要频繁检查奶油的_________。

（2）打发动物奶油的过程中，转速是先_____速，再_____速，_____速，最后停机。

2. 烘烤海绵蛋糕坯的失败率很高，主要有以下几项原因，请填写完整。

（1）器具、模具、工具要擦拭干净保持干爽，原因是___________。

（2）粉类需过筛，否则___________，加入粉类后要______速搅拌，否则面粉会_________，要用尽量较短的时间将面糊搅拌均匀。

（3）底坯需要倒扣凉凉，原因是______________________。

（4）烘烤时底火温度不宜过高，如果底火温度过高，蛋糕中间会________，冷却后会___________，而影响产品质量。出炉后蛋糕要________，将内部空气排出，否则当蛋糕完全冷却后，蛋糕会_________。

3. 完美的奶油直面应具有以下标准，请填写完整。

（1）直角___________，圆弧线条___________。

（2）奶油状态___________。

（3）奶油蛋糕侧面厚度____cm左右，顶部厚度____cm左右。

4. 按要求完成填写。

请根据表1-4中给出的颜色列举出装饰奶油蛋糕的常用水果，并注明其处理方法。

表1-4　常用水果处理的方法

颜色	水果名称	处理方法
红色		
橙色		
黄色		
绿色		
紫色		

评价反馈

制作水果奶油蛋糕专业能力评价表

学生姓名：________　组别：________　日期：________

评价方式	评价环节	评价项目	评价内容	评价要素	不计分	不及格	及格	良	优
学生自评（10%）	课前评价	基础知识（10分）	自主学习	预习本任务内容，通过网络搜集相关知识材料（10分）	0	0	6.0	8.0	10.0
组间评价（20%）	课中评价	海绵蛋糕坯的制作（5分）	操作过程	正确称配原料；面糊无颗粒、无生粉；烘烤温度和烘烤时间到位；成品色泽金黄，膨胀度较好（5分）	0	0	3.0	4.0	5.0
		奶油直面的制作（10分）		坯体表面平整，无明显气泡、纹路；坯体侧面垂直于转台或金底板（10分）	0	0	6.0	8.0	10.0
		装饰及产品呈现（5分）		装饰水果干净新鲜；水果形状大小统一且美观；水果组合摆放合理（5分）	0	0	3.0	4.0	5.0
教师评价（70%）		海绵蛋糕坯的制作（5分）		正确称配原料（1分）	0	0	0.5	0.8	1.0
				面糊细腻无颗粒、无生粉（1分）	0	0	0.5	0.8	1.0
				成品色泽金黄（1分）	0	0	0.5	0.8	1.0

续表

评价方式	评价环节	评价项目	评价内容	评价要素	不计分	不及格	及格	良	优
教师评价（70%）	课中评价	海绵蛋糕坯的制作（5分）	操作过程	成品膨胀度较好（1分）	0	0	0.5	0.8	1.0
				注意操作卫生与安全（1分）	0	0	0.5	0.8	1.0
		奶油直面的制作（30分）		坯体表面平整，无明显气泡、纹路（6分）	0	2.0	3.0	4.0	6.0
				坯体侧面垂直于转台或金底板（6分）	0	2.0	3.0	4.0	6.0
				正确使用裱花工具（6分）	0	2.0	3.0	4.0	6.0
				勤俭节约，无明显浪费（6分）	0	2.0	3.0	4.0	6.0
				注意操作卫生与安全（6分）	0	2.0	3.0	4.0	6.0
		装饰及产品呈现（10分）	产品展示	装饰组合摆放合理美观（2分）	0	0	1.0	3.0	2.0
				装饰整体协调、独特、有观赏性（2分）	0	0	1.0	3.0	2.0
				装饰色彩搭配和谐（3分）	0	0	2.0	2.5	3.0
				作品在规定时间内出品展示（3分）	0	0	2.0	2.5	3.0
		学习能力（10分）	探究归纳	（1）探究错误原因（3分） （2）举一反三，具有知识迁移能力（3分） （3）总结问题的解决办法及重难点（4分）	0	0	6.0	8.0	10.0
	课后评价	巩固迁移能力（15分）	总结归纳	能够完成教师布置的作业（15分）	0	0	8.0	12.0	15.0
总分									

注：①总分＜60为不及格；60≤总分＜75为及格；75≤总分＜85为良；总分≥85为优。
②每个评分项目里，一旦出现安全问题或不出品皆为0分。

项目二

制作花卉主题裱花蛋糕

任务一　制作五瓣花主题裱花蛋糕

学习目标

知识目标

1. 掌握电动打蛋器、裱花袋、裱花嘴、裱花棒等常用工具的使用方法。
2. 了解奶油花边的基本类型和制作手法，掌握绕边的制作手法和技巧。
3. 熟知戚风蛋糕的原料配方和制作流程。

能力目标

1. 能按照操作流程，正确打发植物奶油，准确控制打发程度。
2. 能按照安全卫生操作要求，根据配方制作戚风蛋糕坯。
3. 能用植物奶油抹制戚风蛋糕坯的直面。
4. 能够按照操作步骤，正确裱挤奶油五瓣花。
5. 能够按照实训室安全操作守则进行操作，严格遵守实训室现场7S管理规范，正确使用工具和设备，并进行产品制作。

素养目标

1. 通过课后练习完善制作手法，提高作品的质量和一致性，培养精益求精的意识。
2. 了解五瓣花（例如梅花）背后的寓意；增强求知探索的学习意识。

建议学时

12学时

任务描述

花朵的种类繁多，其中五瓣花是花形最为标准的一种。桃花、梨花、海棠花等都是非常标准的五瓣花。

本任务通过小组合作的方式完成。先了解五瓣花的特点，再进行奶油裱花的制作。制作过程严格遵守实训室安全操作守则，正确使用工具和设备，遵守卫生标准流程，团队协作完成。

知识导学

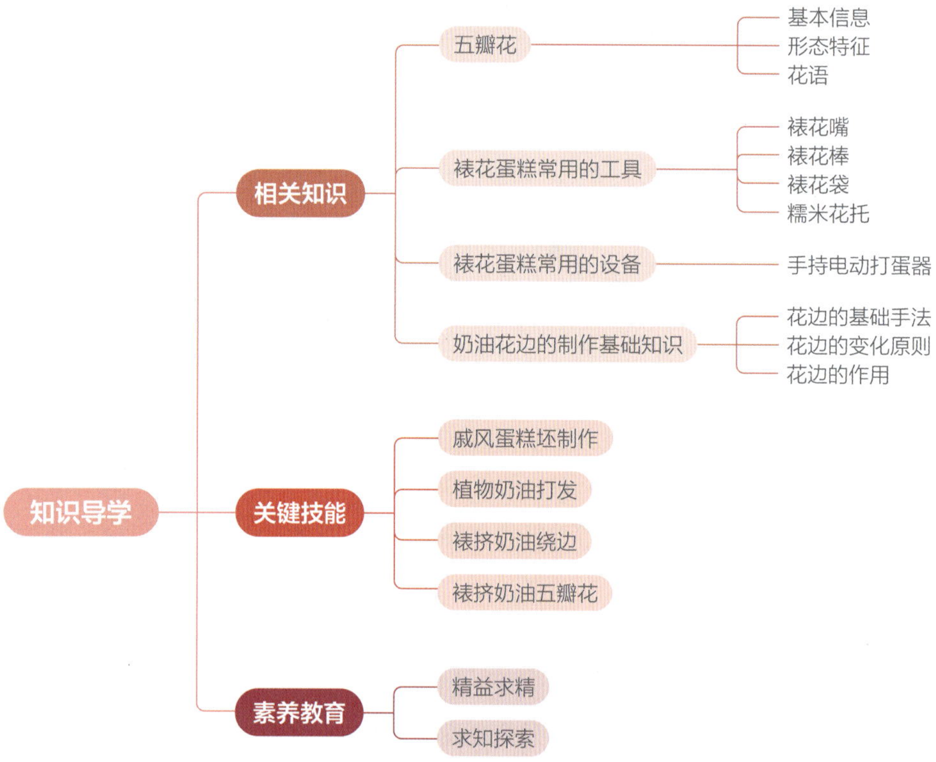

知识链接

一、五瓣花

五瓣花是常见的花朵种类，主要以梅花、梨花、桃花等为代表，见图2-1，通常象征着高尚品格，充满青春活力之美。

图2-1　常见五瓣花

二、裱花蛋糕常用的工具

1. 裱花嘴

（1）裱花嘴　裱花嘴是用于定形奶油的圆锥形工具，一般由铁或不锈钢材料制作，需装入圆锥形裱花袋使用。裱花嘴（简称花嘴）有很多种类，可以使奶油挤出不同的形状。

（2）常用的裱花嘴类型

①圆花嘴：用于题字、画线、画球、点点、挤制生肖等，见图2-2。

②圆锯齿花嘴：用于挤制贝壳形、星形等各种花边和制作曲奇，见图2-3。

③直花嘴：这种花嘴一边较宽，一边较窄，常用于挤制花瓣，见图2-4。

④扁锯齿花嘴：其开口两侧皆为锯齿状，用于裱挤光滑或凹凸状的宽条或缎带，见图2-5。

⑤叶子花嘴：用于挤制叶子花形，见图2-6。

⑥圣安娜花嘴：圆形开口的一边有一个V字形的裂口，见图2-7。

图2-2　圆花嘴

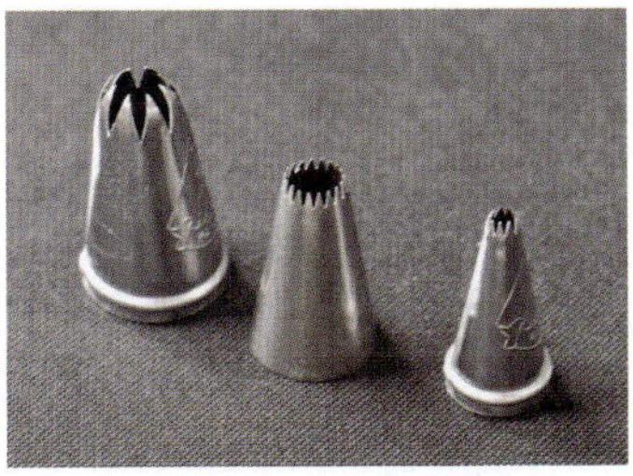
图2-3　圆锯齿花嘴

图2-4　直花嘴

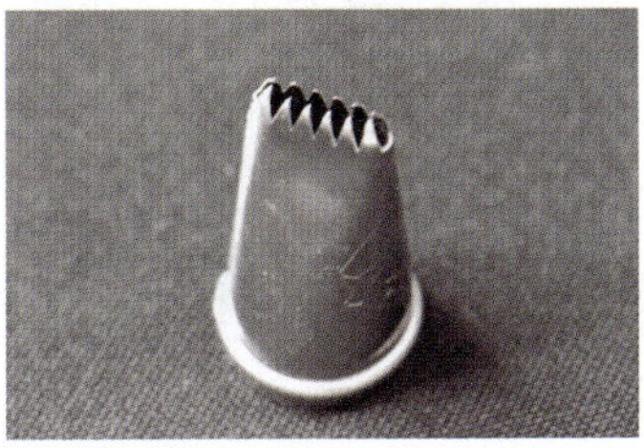
图2-5　扁锯齿花嘴

图2-6　叶子花嘴

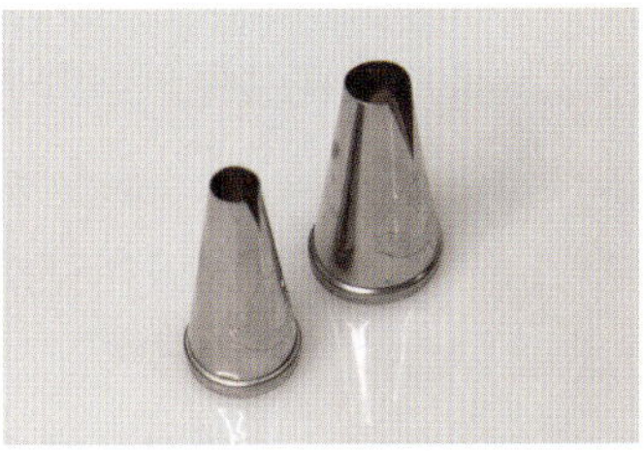
图2-7　圣安娜花嘴

2. 裱花棒

裱花棒用来裱挤立体的花卉，两端分别为尖端和圆端，根据花形的需要进行选择，见图2-8。

图2-8　裱花棒

3. 裱花袋

裱花袋是制作裱花蛋糕的主要的工具之一。按照材质，市面上的裱花袋可分为三大类：布制、一次性塑料制、硅胶制。在奶油裱花蛋糕制作中，裱花袋多为一次性塑料制裱花袋，使用既方便卫生，又能清晰分辨奶油的颜色。

不同材质的裱花袋适用场景和特点不同，具体优缺点见表2-1。

表2-1　不同材质裱花袋的优缺点

裱花袋	优点	缺点
一次性塑料制裱花袋	（1）干净卫生； （2）使用方便	（1）易破，不耐用； （2）不环保
布制裱花袋	（1）容量大； （2）结实耐用； （3）可反复使用	（1）不易清洗； （2）容易滋生细菌； （3）价格相对较高
硅胶制裱花袋	（1）质地柔软； （2）耐高温； （3）材质厚； （4）可反复使用	（1）容量小； （2）不易挤制； （3）价格相对较高

裱花袋的使用方法如下。

（1）将裱花袋翻至手的虎口处，撑大袋口，持握裱花袋的姿势见图2-9。

（2）用抹刀尖端挑奶油至裱花袋中，并稍用力往下压，使奶油充分装入袋内。

（3）奶油装至全袋三分之二时，将袋尾收紧挤出袋中空气。

（4）将裱花袋尾端绕紧，再将多出部分的裱花袋绕在大拇指上。

（5）握紧裱花袋开始裱挤奶油。

4. 糯米花托

糯米花托，由淀粉、糯米粉加工而成，用来制作奶油花卉、其他配件等，有大小两种型号，见图2-10。在糯米花托上面裱挤奶油花卉，更易于操作，但缺点是经长时间放置会受潮变软，影响花卉的立体效果。

裱花袋的使用方法

裱花嘴的使用方法

图2-9　裱花袋的持握姿势

图2-10　糯米花托

三、裱花蛋糕常用的设备——手持电动打蛋器

除奶油搅拌机以外，打发奶油和搅拌混匀食材的另一项小型设备为手持电动打蛋器，当需要打发的食材量较少时，优先选用此设备，见图2-11。

图2-11　手持电动打蛋器打发奶油

（1）手持电动打蛋器基本适配于各种容器，不锈钢、玻璃、陶瓷、PP（聚丙烯）塑料等均可，无特定要求。使用前，将手持电动打蛋器的搅拌棒插入卡扣中，将需要打发的原料装入容器当中。

（2）开启手持电动打蛋器的电源，根据需要选择相对应的挡位。1挡为慢速挡，用来搅拌全蛋液和液体食物；2挡是低速挡，用来调配调料和黄油；3挡是中速挡，可以用来混合果酱；4挡为高速挡，可以搅拌奶昔、软化奶油奶酪；5挡是急速挡，可以用来打发奶油、慕斯。

（3）使用完毕后，要对机器搅拌棒进行彻底清洗，保证洁净卫生。

注意事项

（1）手持电动打蛋器不同挡位满足不同的产品的工艺需求，打发的时间和力度应根据需要进行选择。

（2）为保护电机，避免机身过热导致出现故障，在机器运行5min左右时，休息1～2min再启动；如果在制作材料的过程中需要换挡，需等机器完全停止之后再进行换挡操作。

（3）在使用结束后，逆时针将搅拌棒旋转取下，将附着物刮干净后，再用水清洗；收纳存放时，将搅拌棒取下分开放置，以免打蛋机器生锈。

四、奶油花边的制作基础知识

在裱花蛋糕中，为了增加蛋糕的艺术美感，在蛋糕边缘用裱挤花边的手法进行装饰。裱挤花边是裱挤花卉的基础，通过反复练习，可以训练手部对裱挤力度和角度的精准控制。无论是用植物奶油、动物奶油还是奶油霜进行操作，操作技法都是相通的。

1. 花边的基础手法

裱挤花边的基础手法包括绕、抖、挤、拉、编、拔、吊共七种。

2. 花边的变化因素

裱挤花边时有“不同形状”“不同花嘴”“疏密”“长短”“粗细”“方向”“角度”七大变化因素。

3. 花边的作用

花边具有装饰蛋糕、遮盖瑕疵、增大面积、增加高度、调节视觉等作用。

问题探究

查阅相关资料并借助以下题目完成预习任务。

1. 选择题

以下不属于五瓣花的是（　　）。

A. 梅花　　B. 桃花　　C. 梨花　　D. 荷花

2. 填空题

（1）________用于挤制花瓣，这种花嘴一边较________、一边较________。

（2）市面上裱花袋可分为三大类：__________、________、_________。在__________制作中，裱花袋多为一次性塑料制裱花袋。使用既方便卫生，又能及时分清_________的颜色。

3. 观察五瓣花的结构和花瓣的形态，绘制出一朵五瓣花。

4. 请各小组讨论并以绘制思维导图的方式梳理制作本任务中裱花主题蛋糕的操作流程及要点。

任务准备

按照要求完成“制作五瓣花主题裱花蛋糕”的工作任务准备。

1. 设备工具

设备工具准备如图2-12所示，包括厨师机、盆、中号圆锯齿花嘴、直花嘴、裱花棒、剪刀、抹刀等。

各个小组长汇总本任务所需要的原料和工具，以班级为单位填写工具原料领用单。

图2-12　制作五瓣花主题裱花蛋糕的设备工具

2. 原料准备

原料准备如表2-2所示。

表2-2　制作五瓣花主题裱花蛋糕原料表

戚风蛋糕坯		蛋糕装饰	
原料	用量	原料	用量
蛋清	5个	植物奶油	1000g
细砂糖A	22g	绿色色素	1瓶
色拉油	40g	粉色色素	1瓶
牛奶	40g	黄色色素	1瓶
细砂糖B	80g	糯米花托	10个
蛋黄	5个	裱花袋	10个
低筋面粉	90g		

3. 确定工作方案

以小组讨论的形式制订“制作五瓣花主题裱花蛋糕”的工作方案（岗位分工、岗位职责、岗位要求），并填写工作方案表。

任务实施

1. 戚风蛋糕坯制作

配图	操作方法	操作说明
	准备工作： （1）准备8寸戚风蛋糕模具、电动打蛋器、硅胶刮刀等； （2）过筛所有粉类原料； （3）将蛋黄、蛋清分开备用； （4）烤箱预热，上火180℃，下火170℃	
	将细砂糖A加入蛋黄中低速搅拌至糖化，蛋黄颜色变浅，状态膨松	
	牛奶和色拉油混合，用手动打蛋器搅拌至乳化状态，再将其加到蛋黄糊中搅拌均匀	

配图	操作方法	操作说明
	过筛低筋面粉和泡打粉，加入蛋黄糊中，用硅胶刮刀翻拌均匀	
	细砂糖B分三次加入提前冷藏的蛋清中，打发至中性状态	如果细砂糖一次性加入蛋清中，会抑制蛋清的打发，分次加入有助于蛋清的稳定打发
	将打发好的蛋清取1/3加入蛋黄面糊中，翻拌至均匀无颗粒状	
	剩余蛋清全部倒入蛋黄面糊中，翻拌至均匀无颗粒状	第一次加入的蛋清会使蛋黄面糊与蛋清的打发状态更加接近，这样的操作能使面糊的质地更加细腻稳定
	将混合好的面糊倒入8寸戚风模具中，震出面糊中的气泡，上火180℃，下火170℃，烘烤40min左右	戚风蛋糕坯的制作
	出炉，轻震模具，冷却备用，将其倒扣，戚风在重力的作用下，顶部一直保持向下，可以有效避免凹陷	烘烤过程中，不开烤炉门，避免蛋糕回缩塌陷；戚风蛋糕坯倒扣凉凉的主要原因是防止塌陷；戚风蛋糕坯出炉冷却的过程，是最容易出现回缩、顶部凹陷的时候

2. 植物奶油打发

配图	操作方法	操作说明
	将冷藏室保存的植物奶油倒入碗内	

配图	操作方法	操作说明
	用低转速将植物奶油中的冰碴融化	
	开启中速将植物奶油打发至中性状态，奶油呈光滑无气孔状态	
	搅拌棒提起时有小弯钩的鸡尾状即可使用	植物奶油的打发
	用抹刀抹制奶油直坯	

3. 裱挤奶油五瓣花

配图	操作方法	操作说明
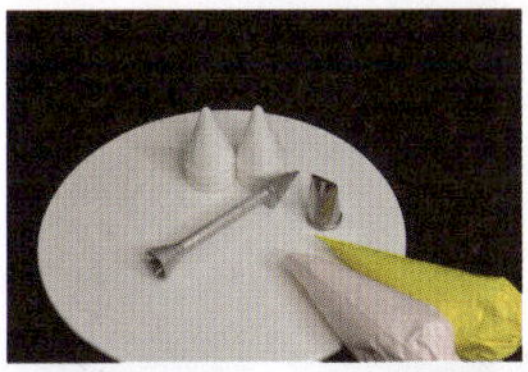	按图中所示，准备工具和材料	
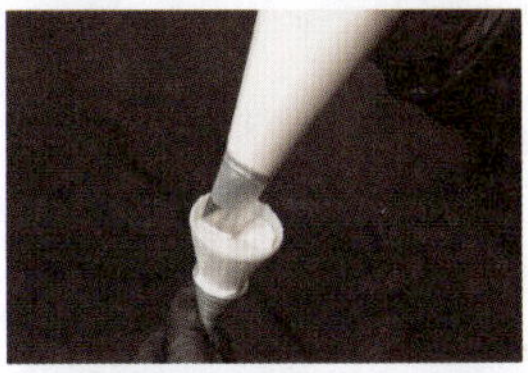	将调好色的奶油挤入糯米花托的圆端内至八分满	奶油填得太多会使花瓣凸出，填得太少会使花瓣太“立”影响美观
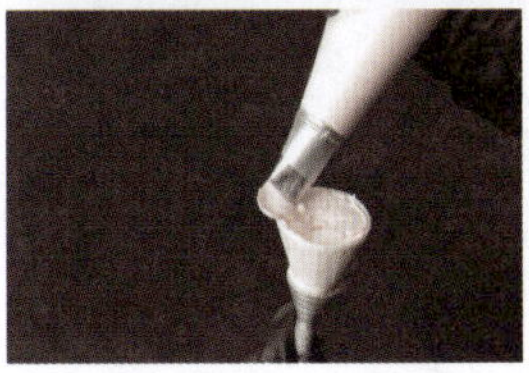	直花嘴薄口向上翘起45°，从糯米花托内1/2的位置开始裱挤	花嘴角度太小花瓣会向下掉，花嘴角度太大花瓣则会太“立”

配图	操作方法	操作说明
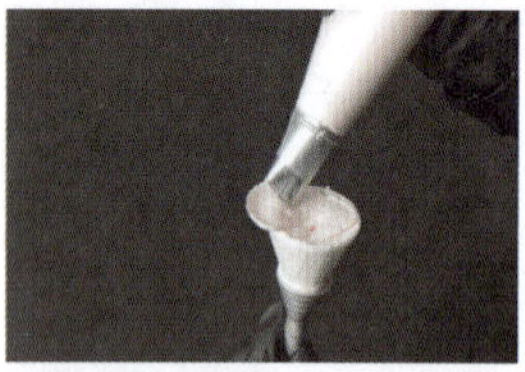	左手转动糯米花托，右手上下抖动挤出扇形花瓣	抖动时奶油挤出量和花嘴的角度变化要同步，否则花瓣会变厚，花瓣收尾时，花嘴角度要略大于起步时的角度
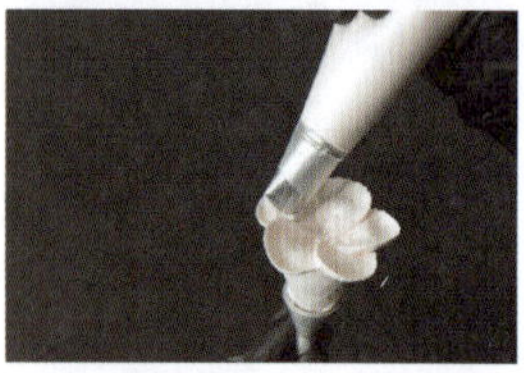	同上方法，依次制作出第二、三、四、五片花瓣	第五片花瓣收尾时角度要高，避免碰到第一片花瓣，影响美观
	用橙黄色奶油细裱，在花瓣中心处由粗至细拔出花蕊	细裱是一种不需要使用裱花嘴，直接将裱花袋剪细口使用的方法，在制作花卉、卡通生肖、仿真生肖等勾勒细节时使用
	五瓣花的裱挤完成，成品如图	五瓣花裱挤

4. 裱挤奶油花边、组装

配图	操作方法	操作说明
	按图中所示，准备工具和材料	
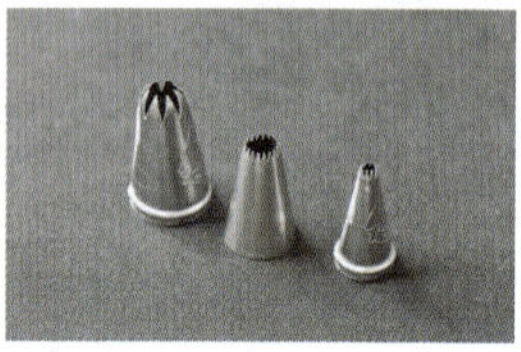 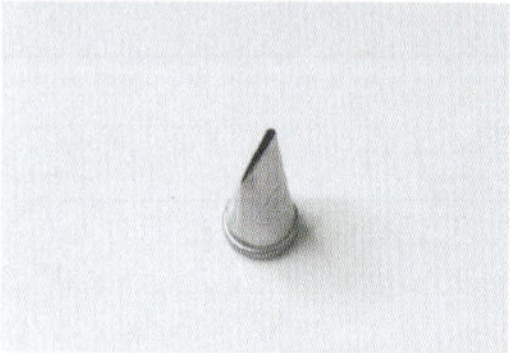	选直花嘴和中号圆锯齿花嘴，待用	

配图	操作方法	操作说明
	花嘴分别装入奶油，直花嘴厚口朝下，薄口抬起45°，从转台6点钟位置开始，匀速连贯地裱挤出绕边	（1）在裱挤绕边时容易将花嘴过于贴在蛋糕表面，使花纹过于扁平； （2）花嘴的小口过于立起，花纹会向内收缩，产生凸肚，形成上大下小的倒置结构
	中号圆锯齿花嘴从6点钟方向开始，在蛋糕坯奶油直面顶部边缘挤出“S”形，再从“S”形外侧中间位置继续挤“S”形，均匀连贯地制作绳编花边	（1）花嘴绕圈的直径过大，纹路不够细腻，过于粗犷，而花嘴绕圈直径过小，也会出现纹路不够清晰、粗糙等问题； （2）花嘴贴合蛋糕面过近，两片花边的纹路会重叠或边缘反翘； （3）裱挤绕边时，应手臂转动而不是手腕用力
	沿花边处，间隔均匀地摆放7~8朵五瓣花（花卉的数量根据间隔长短、花卉大小适度调制）	
	裱挤叶子装饰	
	在蛋糕侧面裱挤一圈拉弧花边	用手臂绕，可以适用于大部分花嘴，且减少长时间工作导致的肌肉损伤
	使用锯齿花嘴在拉弧花边接口的左、上、右方裱挤贝壳花边	五瓣花花边裱挤及摆放
	蛋糕成品	

成本核算与流程结束整理

根据实际情况，进行本任务产品的成本核算，并填写成本核算表和流程结束整理清单。

总结与复习

请在完成以下题目的过程中对本任务进行总结与复习。

1. 回顾“奶油花边的制作”内容，完成以下题目。

（1）将下列“?”里的内容补充完整。

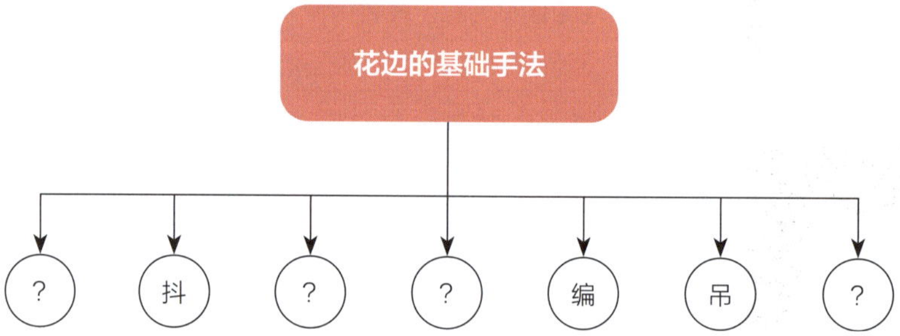

答案：________、________、________、________。

（2）花边有“不同形状”“________”“疏密”“长短”“________”“方向”“________”七大变化因素。

（3）在制作戚风蛋糕时，如果将细砂糖一次性加入蛋清中，会________蛋清的打发，分次加入有助于蛋清的________打发。

2. 判断题

裱挤花边时，花嘴绕圈的直径过大，会出现纹路不够细腻的情况，所以为了让花纹纹路细腻，花嘴绕圈的直径越小越好。（　　）

3. 制作五瓣花时，裱挤的花瓣大小不一致会出现什么问题？裱挤五瓣花的第五片花瓣时，花嘴为什么会碰到第一片花瓣？

4. 请将裱花嘴与相对应的奶油裱花图片进行连线。

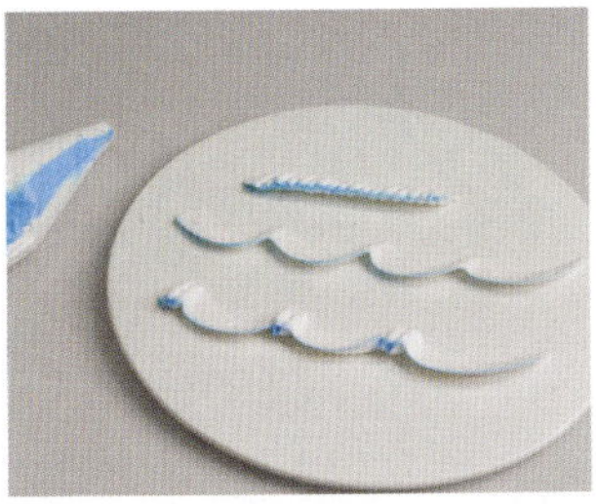

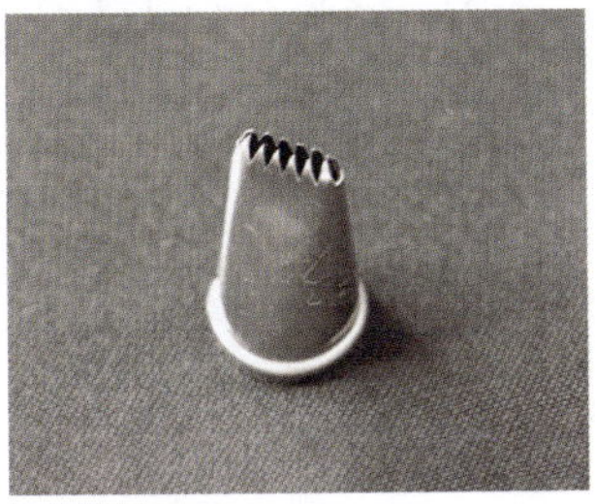
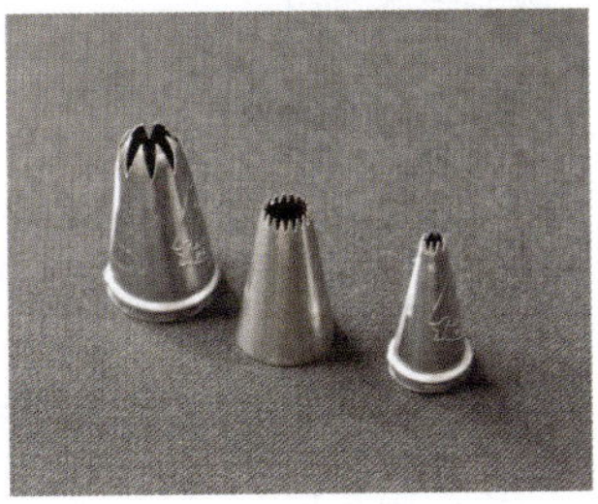

评价反馈

制作五瓣花主题裱花蛋糕专业能力评价表

学生姓名：__________　组别：__________　日期：__________

评价方式	评价环节	评价项目	评价内容	评价要素	不计分	不及格	及格	良	优
学生自评（10%）	课前评价	基础知识（10分）	自主学习	预习本任务内容，通过网络搜集相关知识材料（10分）	0	—	6.0	8.0	10.0
组间评价（20%）	课中评价	戚风蛋糕坯的制作（5分）	操作过程	正确称配原料；面糊无颗粒、无生粉；烘烤温度和烘烤时间到位；成品色泽金黄，膨胀度较好（5分）	0	1.5	3.0	4.0	5.0
		奶油直面的制作（5分）		坯体表面平整，无明显气泡、纹路；坯体坯面垂直于转台或金底板（5分）	0	1.5	3.0	4.0	5.0
		花边的制作（5分）		奶油细腻光滑；花边纹路间隔均匀、流畅；花纹表面无明显裂口、大气泡（5分）	0	1.5	3.0	4.0	5.0
		裱花及产品呈现（5分）		花卉花瓣层次分明，符合花的自然开放规律；花卉的摆放有高低错落之感；装饰色彩搭配和谐（5分）	0	1.5	3.0	4.0	5.0

续表

评价方式	评价环节	评价项目	评价内容	评价要素	不计分	不及格	及格	良	优
教师评价（70%）	课中评价	戚风蛋糕坯的制作（5分）	操作过程	正确称配原料（1分）	0	0.2	0.5	0.8	1.0
				面糊细腻无颗粒、无生粉（1分）	0	0.2	0.5	0.8	1.0
				成品色泽金黄（1分）	0	0.2	0.5	0.8	1.0
				成品膨胀度较好（1分）	0	0.2	0.5	0.8	1.0
				注意操作卫生与安全（1分）	0	0.2	0.5	0.8	1.0
		奶油直面的制作（15分）		坯体表面平整，无明显气泡、纹路（3分）	0	1.0	1.5	2.0	3.0
				坯体侧面垂直于转台或金底板（3分）	0	1.0	1.5	2.0	3.0
				正确使用裱花工具（3分）	0	1.0	1.5	2.0	3.0
				勤俭节约，无明显浪费（3分）	0	1.0	1.5	2.0	3.0
				注意操作卫生与安全（3分）	0	1.0	1.5	2.0	3.0
		花边的制作（15分）		奶油打发细腻光滑（3分）	0	1.0	1.5	2.0	3.0
				花边纹路间隔均匀、流畅（3分）	0	1.0	1.5	2.0	3.0
				花纹表面无明显裂口、大气泡（3分）	0	1.0	1.5	2.0	3.0
				花边大小均匀统一（3分）	0	1.0	1.5	2.0	3.0
				注意操作卫生与安全（3分）	0	1.0	1.5	2.0	3.0
		裱花及产品呈现（10分）	产品展示	花卉花瓣层次分明，符合花的自然开放规律（2分）	0	0.5	1.0	1.5	2.0
				花卉的摆放有高低错落之感（2分）	0	0.5	1.0	1.5	2.0
				装饰色彩搭配和谐（3分）	0	1.0	2.0	2.5	3.0
				作品在规定时间内出品展示（3分）	0	1.0	2.0	2.5	3.0
		学习能力（10分）	探究归纳	（1）探究错误原因（3分） （2）举一反三，具有知识迁移能力（3分） （3）总结问题的解决办法及重难点（4分）	0	2.0	6.0	8.0	10.0
	课后评价	巩固迁移能力（15分）	总结归纳	能够完成教师布置的作业（15分）	0	4.0	8.0	12.0	15.0
总分									

注：①总分＜60为不及格；60≤总分＜75为及格；75≤总分＜85为良；总分≥85为优。
②每个评分项目里，一旦出现安全问题、不出品皆为0分。

任务二　制作雏菊主题裱花蛋糕

学习目标

知识目标	1. 了解奶油花边的基础类型和制作手法。 2. 掌握贝壳花边的制作手法和技巧。
能力目标	1. 能用植物奶油抹制戚风蛋糕坯奶油圆面。 2. 能够按照操作步骤，正确裱挤奶油雏菊。 3. 能够根据课堂评价标准，对自己及他人的作品进行合理评价。
素养目标	1. 通过反复练习，锻炼学生的耐心和面对挑战的勇气。 2. 通过分组协作的方式，培养学生的团队意识和合作精神。

建议学时

24学时

任务描述

六一儿童节是专属于小朋友的节日，蛋糕是小朋友们的最爱，其甜蜜的味道、可爱的造型都是让小朋友爱不释手的原因。雏菊属于裱花的基本花卉形状，外层花瓣呈椭圆形，排成聚伞状。

请同学们自行分组，严格遵守实训室安全操作守则，正确使用工具和设备，遵守卫生标准流程，团队协作完成雏菊主题裱花蛋糕。

知识导学

- 知识导学
  - 相关知识
    - 雏菊
      - 基本信息
      - 形态特征
      - 花语
    - 奶油花边的具体制作手法
      - 绕
      - 抖
      - 挤
      - 拉
      - 编
      - 拔
      - 吊
  - 关键技能
    - 奶油圆面抹制
    - 裱挤贝壳花边
    - 裱挤奶油雏菊
  - 素养教育
    - 团队协作
    - 精益求精

知识链接

一、雏菊

雏菊（学名：*Bellis perennis* L.）又称春菊、马兰头花、延命菊、五月菊，是菊科雏菊属植物的一种，见图2-13，多年生草本植物，主要有红色、白色、混色、粉红色、玫瑰色等颜色，另外还有单瓣的白花草地雏菊、异形雏菊、大花雏菊和玫瑰球雏菊等种类，寓意为纯洁的美、天真、愉快、幸福、和平、希望等。

图2-13　雏菊形态

二、奶油花边的具体制作手法

各式花边制作除了需要更换不同花嘴外，还需要掌握不同的裱挤方法，基本手法要分为绕、抖、挤、拉、编、拔、吊，具体操作方法见表2-3。

奶油花边的具体制作手法

表2-3　奶油花边的具体制作手法

绕	绕的手法在花边中有很多变化，如绕边、点绕（羊毛卷）、“绕+拉弧”等，一般选用直花嘴、圆花嘴、圆锯齿花嘴来裱挤 操作步骤： （1）花嘴放在转盘6点钟方向，向右倾斜45°左右； （2）边挤边向前绕圈； （3）左手匀速转动转盘，右手匀速向前绕； （4）速度保持不变，做出的花边均匀一致
	点绕（羊毛卷）花边的制作： （1）花嘴距离转盘0.5cm，垂直挤出奶油； （2）边挤边向上提，以顺时针方向挤出奶油； （3）绕出一个完整的圆； （4）收尾时，用尾巴掩盖接口
抖	抖的手法制作出的花边因外形似毛毛虫也被称为毛毛虫花边，在制作时一般选用圆花嘴、圆锯齿花嘴来裱挤，具有“细—粗—细”的特点，对操作者力度的控制要求很高，难度较大 操作步骤： （1）将花嘴放在转盘8点钟方向； （2）挤出“细—粗—细”的花边； （3）连续做出的花边大小均匀，弧度均匀即可
挤	挤的手法是花边制作中最简单的手法，可制作出的花边样式有豆边、麦穗等 操作步骤： （1）手部虎口朝向右侧、手心略微向上； （2）花嘴要向右方倾斜30°； （3）动作要领为“挤—松—转”，挤时转盘不动，松时转盘转动，并且转出一个花纹的距离
拉	拉的手法在裱花蛋糕中应用最多的是人物裙摆的制作，也多与“绕+拉弧”相结合使用，其特点是每个弧长度、深度要均匀一致，对操作者左右手配合的协调性要求很高 操作步骤： （1）花嘴在转盘6点钟位置，花嘴向右倾斜约45°； （2）右手力度均匀地挤出奶油，原地摆动（画“U”字形），左手匀速转动转盘； （3）上下幅度的大小决定了弧的深度，转盘的转动速度决定了弧的长度； （4）右手挤出奶油的力度以及转盘转动的速度决定了花纹的均匀程度； （5）奶油挤出量要适宜且均匀，保证花边外形精致细腻
编	编的常见手法有三种：十字编、绳编、辫子编，其中十字编应用最为广泛，可用于编花篮、筐、中国结、草帽等蛋糕装饰，十字编的花边多用扁锯齿花嘴、圆锯齿花嘴来裱挤 操作步骤： （1）先挤出一条长线，以画十字的方法挤出长度相等的短线，每条短边间距为一个扁锯齿花嘴的宽度； （2）再拉一条长线，长线压住每一条短线； （3）重复以上动作，在缝隙处挤出短线
拔	拔的手法可以用来裱挤人物的头发，动物草地、树叶、小草、寿桃、帽子、装饰点等，主要动作是挤和提 操作步骤： （1）花嘴距离转盘0.5cm，花嘴垂直于转盘； （2）均匀挤出奶油，垂直拔起，并带出尖部

续表

吊	吊边一般用来对蛋糕侧边进行装饰，能有效遮盖蛋糕侧边的瑕疵，同时也能增大体积 操作步骤： （1）用小号圆花嘴挤奶油，边挤边向上提起； （2）转动转盘，到所需制作花边的间距，花嘴移动到与起点相同高度； （3）重复以上操作，保持每一个花边间距、高度相同； （4）在第一层每个花边中间，再穿插一层花边，方法同上

问题探究

查阅相关资料并借助以下题目完成预习任务。

1. 填空题

（1）在裱花蛋糕制作时，通常将转台面理解为一个________，在制作裱花蛋糕的时候，将花嘴或抹刀放到________即可。

（2）抖的手法制作出的花边因形似________同时也被称为________。在制作时一般选用圆花嘴，________来制作，具有________的特点，对力度的控制有很大要求，所以抖的手法是花边制作中较________的一种。

2. 观察雏菊的外形结构和花瓣形态，绘制出一朵雏菊。

3. 分组讨论，复习圆坯抹制的操作要点。

4. 请各小组讨论并以绘制思维导图的方式梳理制作本次裱花主题蛋糕的操作流程及要点。

任务准备

按照要求完成“制作雏菊主题裱花蛋糕”的工作任务准备。

1. 设备工具

本任务需要厨师机、直花嘴、锯齿花嘴、裱花棒、刮片、剪刀、抹刀等。

各个小组长汇总本任务所需要的原料和工具，并以班级为单位填写工具原料领用单。

2. 原料准备

本任务的原料准备如表2-4所示。

表2-4　制作雏菊主题裱花蛋糕原料表

戚风蛋糕坯		蛋糕装饰	
原料	用量	原料	用量
蛋清	5个	红色色素	1瓶
细砂糖A	22g	黄色色素	1瓶
色拉油	40g	蓝色色素	1瓶
牛奶	40g	绿色色素	1瓶
细砂糖B	80g	糯米花托	10个
蛋黄	5个	植物奶油	700g
低筋面粉	90g	裱花袋	10个

3. 确定工作方案

以小组讨论的形式制订“制作雏菊主题裱花蛋糕”的工作方案（岗位分工、岗位职责、岗位要求），并填写工作方案表。

任务实施

1. 奶油圆面抹制

配图	操作方法	操作说明
	裁剪蛋糕坯呈圆面形状	
	将奶油放置于蛋糕坯顶部，用抹刀轻拍排出大气泡	控制抹刀的角度并保持手的稳定性

配图	操作方法	操作说明
	抹刀抹至蛋糕顶部时，刀柄与转盘打开角度为30°，将奶油面抹光滑，并向上提刀柄拉出水纹面	抹刀刀尖始终保持在蛋糕坯平面3～9点钟的直线上移动
	保持刀柄与转盘平行，刀面打开角度为30°左右	
	刀尖始终保持在蛋糕顶部中心点处，缓慢向下压奶油，直至将蛋糕顶部奶油抹平	
	抹刀从奶油边缘约一指宽的位置，沿圆面形状，整体向下均匀推压奶油	抹刀向下推奶油的速度不能过快，奶油始终要控制在刀尖内
	将奶油抹成圆面的形状	顶部：平； 中间：弧形； 侧面：厚度2cm
	右手拿起平口刮片，食指、小拇指主要控制刮片的上、下二个位置；大拇指负责夹住刮片（防止刮片滑落），食指放于刮片2/3处，中指放于刮片一半偏下的位置，刮片的底端放于小拇指一半的地方	
	刮片从蛋糕右侧3点钟位置开始操作，刮片的左上角放于蛋糕中心点偏前的位置，刮片张开的角度为35°左右	
	左手匀速转动转盘，右手始终放在3点钟位置，开始刮面，直到将蛋糕坯抹光滑	（1）手指要自然扶住刮片，不需要特别用力； （2）在抹奶油圆面的过程中，刮片需贴紧蛋糕面，手指要用力均匀

配图	操作方法	操作说明
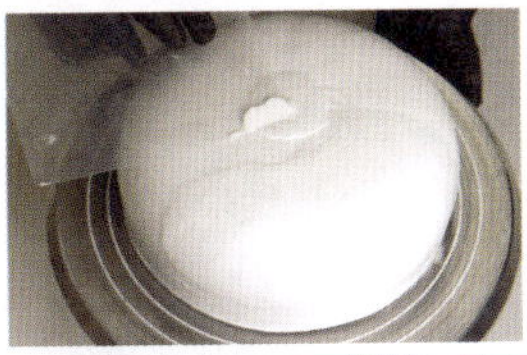	利用刮片圆角，将顶部多余的奶油抹平	
	将刮片长边绷直，从奶油圆面底边2mm处切掉多余的底边奶油	
	奶油圆面抹制完成，标准为“顶平、中弧、侧垂直”	奶油圆面抹制

2. 裱挤奶油雏菊

配图	操作方法	操作说明
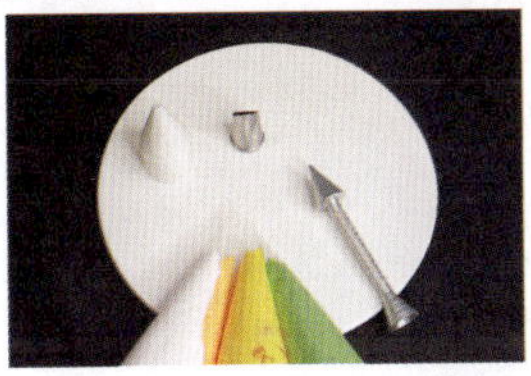	按图所示，准备工具和材料	
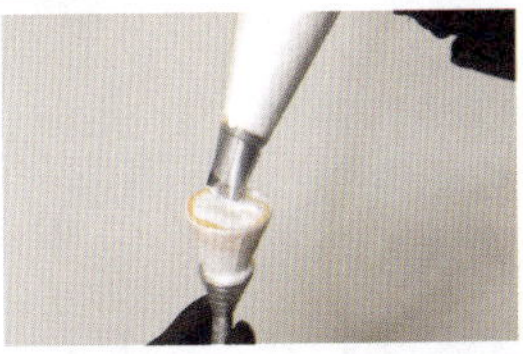	调好色的奶油挤入糯米花托的圆端内至八分满，挤多会使花瓣凸出不稳定，太少会使花瓣塌陷影响美观	
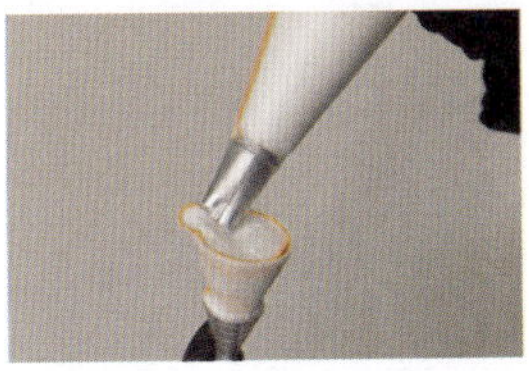	将直花嘴的厚口放在糯米花托中心处，薄口翘起70°~80°，力度均匀地挤出奶油	裱挤力度均匀
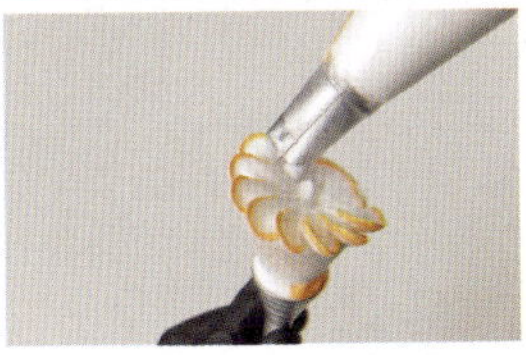	每片花瓣在收尾时，花嘴立起，手收力，在制作第二片花瓣时，尽量保持与前一片花瓣大小一致	花瓣大小保持一致

配图	操作方法	操作说明
	沿糯米花托裱挤一圈花瓣，需注意最后一片花瓣应与其他花瓣的间距统一	花瓣大小一致，花形要圆润
	在细裱袋内装入黄色奶油，点一个黄色圆点作为花芯	
	雏菊的裱挤完成，成品如图	雏菊裱挤

3. 裱挤花边

配图	操作方法	操作说明
	按图所示，准备工具和材料	
	使用锯齿花嘴，花嘴与蛋糕面之间的角度为45°，轻轻向前推挤出贝壳花边	（1）花嘴打开45°，转动转盘的速度要均匀； （2）花边大小一致
	制作好的花边，首尾相连，无明显接口	
	将直花嘴放于蛋糕中弧位置，厚口贴紧蛋糕面，裱挤绕边，再继续转动转盘拉弧	

配图	操作方法	操作说明
	完成整个蛋糕花边的制作	拉弧的长度、弧度一致，弧的数量在6~8个
	在蛋糕上确定花卉需要摆放的位置	
	根据预留位置摆放花卉	
	添加叶子装饰	裱挤花边及摆放雏菊
	蛋糕成品	

成本核算与流程结束整理

根据实际情况，进行本任务产品的成本核算，并填写成本核算表与流程结束整理清单。

总结与复习

请在完成以下题目的过程中对本任务进行总结与复习。

1. 回顾本任务内容，完成以下填空。

（1）拉弧的手法特点是每个弧长度、深度________，制作时，将花嘴放在转盘6点偏________的位置，花嘴向________倾斜45°。__________决定了弧的深度，转盘的转动速度决定了__________。

（2）回顾“奶油圆面抹面”相关内容，完成以下填空。

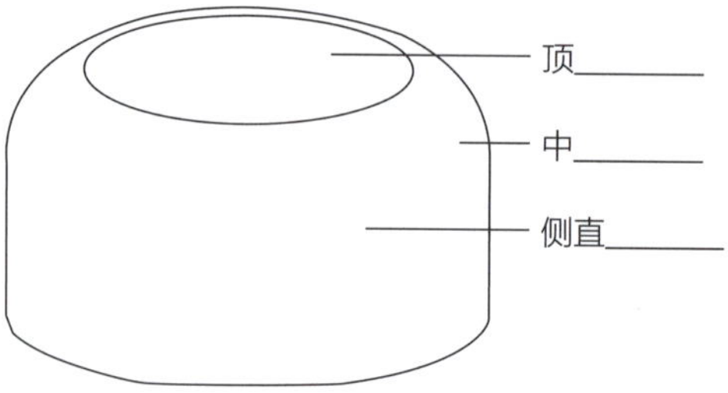

2. 判断题

裱花时，奶油要挤满整个花托，与花托表面齐平，这样才能保证后续裱花时呈现最完美的状态。(　　)

3. 将正确的选项填在括号中。

在裱挤雏菊时，主要用到以下哪个花嘴？(　　)。

A. 

B. 

C. 

D. 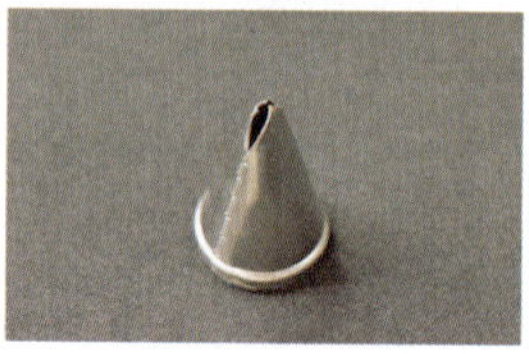

4. 五瓣花和雏菊在形态结构上有哪些区别？

评价反馈

雏菊主题裱花蛋糕制作专业能力评价表

学生姓名：__________　　组别：__________　　日期：__________

评价方式	评价环节	评价项目	评价内容	评价要素	不计分	不及格	及格	良	优
学生自评（10%）	课前评价	基础知识（10分）	自主学习	预习本任务内容，通过网络搜集相关知识材料（10分）	0	—	6.0	8.0	10.0

续表

评价方式	评价环节	评价项目	评价内容	评价要素	不计分	不及格	及格	良	优
组间评价（20%）	课中评价	戚风蛋糕坯的制作（5分）	操作过程	正确称配原料；面糊无颗粒、无生粉；烘烤温度和烘烤时间到位；成品色泽金黄，膨胀度较好（5分）	0	1.5	3.0	4.0	5.0
		奶油圆面的制作（5分）		坯体表面平整，无明显气泡、纹路；坯体侧面垂直于转台或金底板（5分）	0	1.5	3.0	4.0	5.0
		花边的制作（5分）		奶油细腻光滑；花边纹路间隔均匀、流畅；花纹表面无明显裂口、大气泡（5分）	0	1.5	3.0	4.0	5.0
		裱花及产品呈现（5分）		花卉花瓣层次分明，符合花的自然开放规律；花卉的摆放有高低错落之感；装饰色彩搭配和谐（5分）	0	1.5	3.0	4.0	5.0
教师评价（70%）		戚风蛋糕坯的制作（5分）		正确称配原料（1分）	0	0.2	0.5	0.8	1.0
				面糊细腻无颗粒、无生粉（1分）	0	0.2	0.5	0.8	1.0
				成品色泽金黄（1分）	0	0.2	0.5	0.8	1.0
				成品膨胀度较好（1分）	0	0.2	0.5	0.8	1.0
				注意操作卫生与安全（1分）	0	0.2	0.5	0.8	1.0
		奶油圆面的制作（15分）		坯体表面平整，无明显气泡、纹路（3分）	0	1.0	1.5	2.0	3.0
				坯体侧面垂直于转台或金底板（3分）	0	1.0	1.5	2.0	3.0
				正确使用裱花工具（3分）	0	1.0	1.5	2.0	3.0
				勤俭节约，无明显浪费（3分）	0	1.0	1.5	2.0	3.0
				注意操作卫生与安全（3分）	0	1.0	1.5	2.0	3.0
		花边的制作（15分）		奶油打发细腻光滑（3分）	0	1.0	1.5	2.0	3.0
				花边纹路间隔均匀、流畅（3分）	0	1.0	1.5	2.0	3.0
				花纹表面无明显裂口、大气泡（3分）	0	1.0	1.5	2.0	3.0
				花边大小均匀统一（3分）	0	1.0	1.5	2.0	3.0
				注意操作卫生与安全（3分）	0	1.0	1.5	2.0	3.0
		裱花及产品呈现（10分）	产品展示	花卉花瓣层次分明，符合花的自然开放规律（2分）	0	0.5	1.0	1.5	2.0

续表

评价方式	评价环节	评价项目	评价内容	评价要素	不计分	不及格	及格	良	优
教师评价（70%）	课中评价	裱花及产品呈现（10分）	产品展示	花卉的摆放有高低错落之感（2分）	0	0.5	1.0	1.5	2.0
				装饰色彩搭配和谐（3分）	0	1.0	2.0	2.5	3.0
				作品在规定时间内出品展示（3分）	0	1.0	2.0	2.5	3.0
		学习能力（10分）	探究归纳	（1）探究错误原因（3分） （2）举一反三，具有知识迁移能力（3分） （3）总结问题的解决办法及重难点（4分）	0	2.0	6.0	8.0	10.0
	课后评价	巩固迁移能力（15分）	总结归纳	能够完成教师布置的作业（15分）	0	4.0	8.0	12.0	15.0
总分									

注：①总分＜60为不及格；60≤总分＜75为及格；75≤总分＜85为良；总分≥85为优。
　　②每个评分项目里，一旦出现安全问题或不出品皆为0分。

任务三　制作康乃馨主题裱花蛋糕

学习目标

知识目标

1. 理解并掌握奶油裱花操作能力的训练方法。
2. 掌握花边（编+贝壳花边）的制作手法和技巧。

能力目标

1. 能够按照工作标准站姿要求，正确进行裱挤工作。
2. 能够通过花边练习掌握控制奶油的流量的方法以及提升左右手的配合能力。
3. 能够按照操作步骤，裱挤标准的奶油康乃馨花卉。

素养目标

1. 通过学习色彩搭配和空间设计知识，培养审美意识。
2. 通过制作母亲节蛋糕感怀母爱伟大，培养感恩之心。

建议学时

12学时

任务描述

“慈母手中线，游子身上衣。临行密密缝，意恐迟迟归。谁言寸草心，报得三春晖。”孟郊的诗句表达了儿女们对母亲的感恩之心，歌颂了人间最伟大的爱——母爱。本任务中的母亲节蛋糕要求以戚风坯为底坯，以康乃馨作为奶油装饰花卉，并选取相应的花边进行搭配。

请怀着对母亲的感恩之心进行本任务的制作，过程严格遵守实训室安全操作守则，正确使用工具和设备，遵守卫生标准流程，团队协作完成。

知识导学

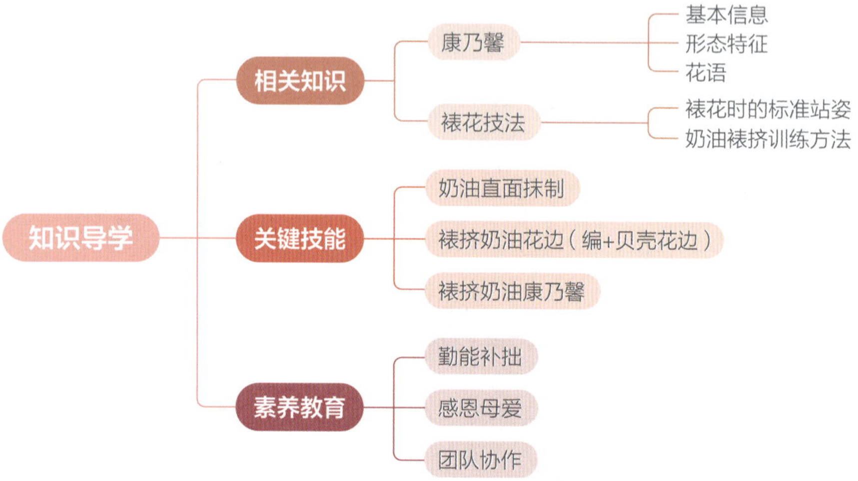

知识链接

一、康乃馨

康乃馨又名狮头石竹、大花石竹、荷兰石竹，为石竹科石竹属的植物。盆栽用品种有纯黄色、白色、紫色具白边、淡橙色、鲜红色、红色、粉红色、粉红色具橙红深条纹等，红色康乃馨经常被用来表达敬爱；粉红色康乃馨通常是表示感谢，故今常以其作为献给母亲的花，见图2-14。

图2-14　康乃馨形态

二、裱花技法

1. 正确的工作姿势

裱花师应当保持正确的站姿，养成一个良好的站立习惯，可以有效减少肌肉损伤，降低长时间工作带来的疲劳。

（1）双腿自然分开，重心在双腿中间，重心只在一侧长时间站立会不稳定。

（2）双手自然垂下，工作时双手配合，如一只手长时间操作不稳定，用另一只手辅助稳定。

（3）如长时间固定不动，肌肉会过于紧张，尤其颈部要注意间隔性休息活动，缓解疲劳。

2. 奶油裱挤的训练方法

练习可以帮助初学者控制鲜奶油的挤出量和左右手的协调性。初学者要先慢速达到操作标准，待完全掌握后，再提高效率，达到熟练操作。

（1）细节　奶油的裱挤需要裱花师在一致性和标准性上满足要求，需要长时间的反复训练。在练习过程中，花嘴的角度、花嘴的方向、奶油的出量等细节都会决定成品的质量，因此操作者在练习过程中要操作规范，注重细节。

（2）持久　一次性能够裱挤的数量越多，长度越长，越可以帮助训练手部对奶油的控制力，例如一次性裱挤出花朵的个数、一次性裱挤花边的长度等。

（3）迅速　规定时间内能够完成达到标准的成品数量越多，证明技术掌握得越熟练，在实际工作中，要求裱花师在规定时间内出品符合标准的成品对裱花师的技术和心态都是种考验。通过快速练习的方式，可以帮助操作者形成肌肉记忆，提高工作效率。

问题探究

查阅相关资料并借助以下题目完成预习任务。

1. 填空题

在裱花时，正确的站姿应是两腿自然分开______肩宽或______肩宽。切勿一脚在前一脚在后，这样__________会容易产生__________。两手成____自然垂于身体两侧。身体与转盘之间保持__________距离。腰部略微前倾，不可__________，否则不便于操作。

2. 判断题

戚风蛋糕在出炉时，可连烤盘一起敲一下，以降低蛋糕体出炉后收缩的程度。（　　）

3. 观看微课视频，用绳子练习“编”的技法，并绘制出“花篮”的图案。

4. 观察康乃馨的外形结构和花瓣形态，绘制出一朵康乃馨。

5. 请各小组讨论，并以绘制思维导图的方式梳理制作本任务裱花主题蛋糕的操作流程及要点。

任务准备

按照要求完成“制作康乃馨主题裱花蛋糕”的工作任务准备。

1. 设备工具

本任务需要厨师机、康乃馨花嘴、扁锯齿花嘴、裱花棒、剪刀、抹刀等。

各个小组长汇总本任务所需要的原料和工具，以班级为单位填写工具原料领用单。

2. 原料准备

本任务原料准备如表2-5所示。

表2-5　制作康乃馨主题裱花蛋糕原料表

戚风蛋糕坯		蛋糕装饰	
原料	用量	原料	用量
蛋清	5个	红色色素	1瓶
细砂糖A	22g	黄色色素	1瓶
色拉油	40g	蓝色色素	1瓶
牛奶	40g	棕色色素	1瓶
细砂糖B	80g	糯米花托	5个
蛋黄	5个	植物奶油	700g
低筋面粉	90g	裱花袋	10个

3. 确定工作方案

以小组讨论的形式制订“制作康乃馨主题裱花蛋糕”的工作方案（岗位分工、岗位职责、岗位要求），并填写工作方案表。

任务实施

1. 奶油直面抹制

配图	操作方法	操作说明
	将蛋糕坯抹好奶油直面备用	

2. 裱挤奶油花边（编+贝壳花边）

配图	操作方法	操作说明
	按图中所示，准备工具和材料	
	取一个制作好的直坯，按照“横向短边”的裱挤方法，“编”花边，包完整个蛋糕的侧面	在使用编的手法时需要注意，每条横向花边的长度相同，不要露出明显接口
	取用扁锯齿花嘴，平放在蛋糕面6点钟位置，花嘴向右倾斜45°左右，在蛋糕顶部裱挤一圈“豆边”	裱挤过程中“挤”“松”是指裱挤奶油的动作，“转”是指转动转台，“挤”“松”动作的频率和力度要均匀一致
	奶油花边裱挤完成	康乃馨主题裱花蛋糕花边裱挤（及康乃馨摆放）

3. 裱挤奶油康乃馨

配图	操作方法	操作说明
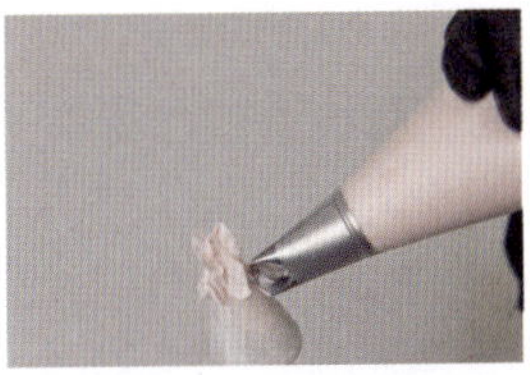	将康乃馨花嘴贴于花托尖端，向上抖挤，再向下抖挤，形成弧形的花芯	
	将花嘴立起90°，抖挤出第一层花瓣，呈自然弯曲状	在制作花瓣时，也可以选择用花嘴向上画“U”字形的方法来制作

配图	操作方法	操作说明
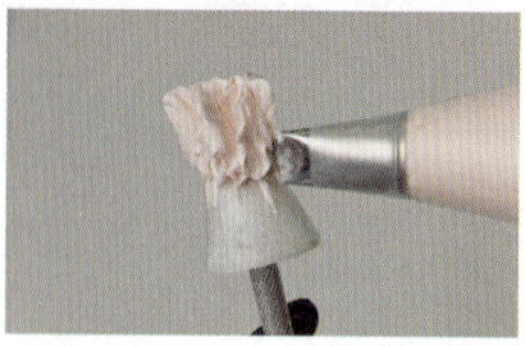	将花嘴立起90°，在上一层花瓣的交错处抖挤出细长带弧度的花瓣，高度与花芯部分相同	第二层花瓣与第一层高度相同
	将花嘴立起90°，在上一层花瓣的交错处，抖挤出自然有弯曲感的花瓣，高度略低于上一层	
	将花嘴向外倾斜10°~20°，抖挤出花瓣，略低于上一层	制作的花形圆润，开放自然
	将花嘴向外倾斜40°，抖挤出最后一层的花瓣，高度略低于上一层；整体花形圆润，花芯微凸，花瓣蓬松有凌乱感	康乃馨裱挤
	裱挤若干朵花卉，并整合成蛋糕成品	

成本核算与流程结束整理

根据实际情况，进行本任务产品的成本核算，并填写成本核算表与流程结束整理清单。

总结与复习

1. 填空题

蛋糕面糊打完之后为什么要立刻送入烤箱进行烘烤？

蛋糕里的油脂久了会__________，时间长了__________会沉淀，会造成上面的面糊__________，下面的__________。鸡蛋打发后______差，时间久了，__________会受到严重影响。

2. 判断题

在编的手法中，挤裱的每条横向花边长度可以不相同，只要不露出明显接口就可以。(　　)

3. 选择题

在裱挤康乃馨的花瓣时，可以选择用花嘴向上画什么字形的方法来制作？(　　)

A. “S”形　　B. “O”形　　C. “W”形　　D. “U”形

4. 在康乃馨花裱挤过程中，花形结构上容易出现的问题有哪些？在操作过程中要如何解决？

评价反馈

制作康乃馨主题裱花蛋糕专业能力评价表

学生姓名：________　组别：________　日期：________

评价方式	评价环节	评价项目	评价内容	评价要素	不计分	不及格	及格	良	优
学生自评（10%）	课前评价	基础知识（10分）	自主学习	预习本任务内容，通过网络搜集相关知识材料（10分）	0	—	6.0	8.0	10.0
组间评价（20%）	课中评价	戚风蛋糕坯的制作（5分）	操作过程	正确称配原料；面糊无颗粒、无生粉；烘烤温度和烘烤时间到位；成品色泽金黄，膨胀度较好（5分）	0	1.5	3.0	4.0	5.0
		奶油直面的制作（5分）		坯体表面平整，无明显气泡、纹路；坯体侧面垂直于转台或金底板（5分）	0	1.5	3.0	4.0	5.0
		花边的制作（5分）		奶油细腻光滑；花边纹路间隔均匀、流畅；花纹表面无明显裂口、大气泡（5分）	0	1.5	3.0	4.0	5.0
		裱花及产品呈现（5分）		花卉花瓣层次分明，符合花的自然开放规律；花卉的摆放有高低错落之感；装饰色彩搭配和谐（5分）	0	1.5	3.0	4.0	5.0

续表

评价方式	评价环节	评价项目	评价内容	评价要素	不计分	不及格	及格	良	优
教师评价（70%）	课中评价	戚风蛋糕坯的制作（5分）	操作过程	正确称配原料（1分）	0	0.2	0.5	0.8	1.0
				面糊细腻无颗粒、无生粉（1分）	0	0.2	0.5	0.8	1.0
				成品色泽金黄（1分）	0	0.2	0.5	0.8	1.0
				成品膨胀度较好（1分）	0	0.2	0.5	0.8	1.0
				注意操作卫生与安全（1分）	0	0.2	0.5	0.8	1.0
		奶油直面的制作（15分）		坯体表面平整，无明显气泡、纹路（3分）	0	1.0	1.5	2.0	3.0
				坯体侧面垂直于转台或金底板（3分）	0	1.0	1.5	2.0	3.0
				正确使用裱花工具（3分）	0	1.0	1.5	2.0	3.0
				勤俭节约，无明显浪费（3分）	0	1.0	1.5	2.0	3.0
				注意操作卫生与安全（3分）	0	1.0	1.5	2.0	3.0
		花边的制作（15分）		奶油打发细腻光滑（3分）	0	1.0	1.5	2.0	3.0
				花边纹路间隔均匀、流畅（3分）	0	1.0	1.5	2.0	3.0
				花纹表面无明显裂口、大气泡（3分）	0	1.0	1.5	2.0	3.0
				花边大小均匀统一（3分）	0	1.0	1.5	2.0	3.0
				注意操作卫生与安全（3分）	0	1.0	1.5	2.0	3.0
		裱花及产品呈现（10分）	产品展示	花卉花瓣层次分明，符合花的自然开放规律（2分）	0	0.5	1.0	1.5	2.0
				花卉的摆放有高低错落之感（2分）	0	0.5	1.0	1.5	2.0
				装饰色彩搭配和谐（3分）	0	1.0	2.0	2.5	3.0
				作品在规定时间内出品展示（3分）	0	1.0	2.0	2.5	3.0
		学习能力（10分）	探究归纳	（1）探究错误原因（3分） （2）举一反三，具有知识迁移能力（3分） （3）总结问题的解决办法及重难点（4分）	0	2.0	6.0	8.0	10.0
	课后评价	巩固迁移能力（15分）	总结归纳	能够完成教师布置的作业（15分）	0	4.0	8.0	12.0	15.0
总分									

注：①总分＜60为不及格；60≤总分＜75为及格；75≤总分＜85为良；总分≥85为优。
②每个评分项目里，一旦出现安全问题或不出品皆为0分。

任务四　制作牡丹花主题裱花蛋糕

学习目标

知识目标

1. 了解色彩的三要素。
2. 了解十二色环的相关知识，能阐述三原色、色相、饱和度、明度等专业词汇的含义。
3. 熟知奶油夹色的方法和花边（绕+拉弧）的制作手法。

能力目标

1. 能够掌握裱挤夹色奶油操作技法，裱挤夹色奶油。
2. 能够掌握裱挤奶油牡丹花的操作方法，裱挤奶油牡丹花。
3. 能够按照实训室安全操作守则进行操作，严格遵守实训室现场7S管理规范，正确使用工具和设备，并进行产品制作。

素养目标

1. 通过课后练习完善制作手法，弘扬精益求精的工匠精神，将“学”和“做”相结合。
2. 通过爱国主题故事分享，激发热爱祖国、报效国家的情感共鸣。

建议学时

24学时

任务描述

中国是牡丹花的原产地。本任务制作一款以“牡丹花”为主题的裱花蛋糕，以戚风蛋糕坯为底坯，以牡丹花作为奶油装饰花卉，并选取相应的花边进行搭配。

本任务的制作过程需要严格遵守实训室安全操作守则，正确使用工具和设备，遵守卫生标准流程，团队协作完成。

知识导学

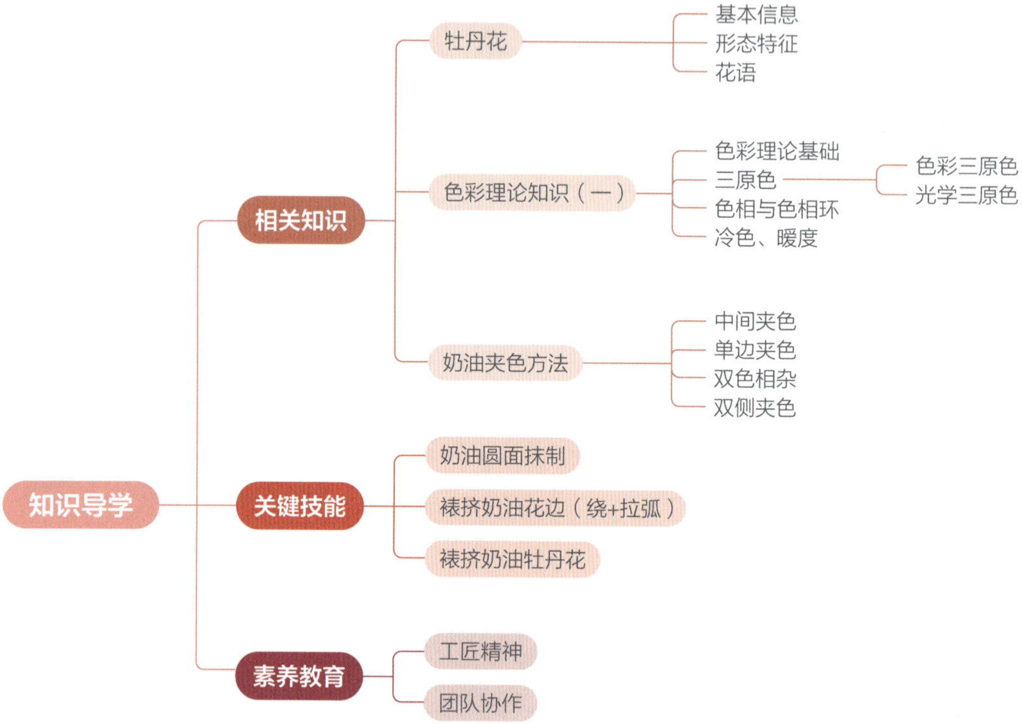

知识链接

一、牡丹花

牡丹花，别名木芍药、洛阳花、谷雨花、鹿韭、百两金，富贵花等。

牡丹花是我国特有的木本名贵花卉，素有“国色天香”“花中之王”的美称，长期以来被人们当作富贵吉祥、繁荣兴旺的象征，见图2-15，寓意为富贵、圆满、浓情，象征繁荣昌盛、幸福和平。

图2-15　牡丹花形态

二、色彩理论知识（一）

1. 色彩理论基础

色彩可用色相（色调）、饱和度（纯度）和明度，即色彩三要素（Elements of color），来描述。人眼看到的任一彩色光都是这三要素的综合效果，其中色相与光波的频率有直接关系，明度和饱和度与光波的幅度有关。

2. 三原色

三原色指色彩中不能再分解的三种基本颜色，常说的三原色，是色彩三原色以及光学三原色。所谓原色，也称为基色，就是可以用来调配其他色彩的基本色。原色的色彩纯度最高、最纯净，也最鲜艳，可以调配出绝大多数色彩，而其他颜色则不能调配出三原色。

色彩三原色（CMYK）：红、黄、蓝。色彩三原色可以混合出所有颜料的颜色，同时相加为黑色。

光学三原色（RGB）：红、绿、蓝（靛蓝）。光学三原色混合后，可组成显示屏显示颜色，三原色同时相加为白色，见图2-16。

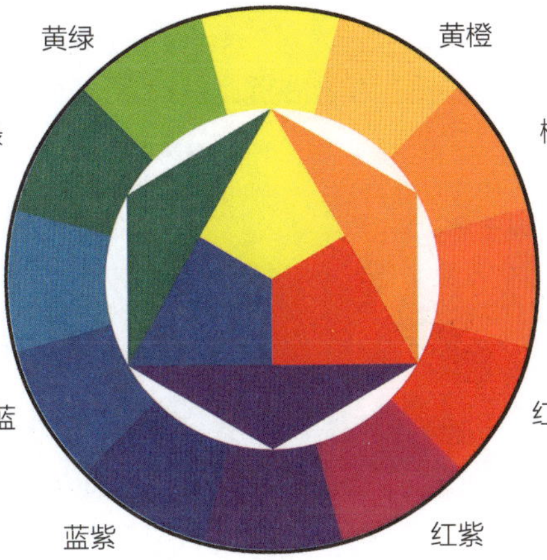

图2-16　三原色组合

3. 色相

色相是色彩三要素之一，即色彩相貌。色相是色彩的首要特征，是区别各种不同色彩的最准确的标准，如红、橙、黄、绿、青、蓝、紫等。

4. 色相环

色相环是指一种圆形排列的色相光谱，色彩是按照光谱在自然中出现的顺序来排列的。暖色位于包含红色和黄色的半圆之内，冷色则包含在绿色和紫色的半圆内。互补色出现在与彼此相对的位置上。色相环种类分为6色相环、12色相环、24四色相环、36色相环等等，包含更多颜色种类的大色相环还包括48色相环、72色相环等。

5. 冷色、暖色

冷暖色指色彩心理上的冷热感觉。红、橙、黄、棕等色往往给人热烈、兴奋、热情、温和的感觉，所以将其称为暖色。绿、蓝、紫等色往往给人镇静、凉爽、开阔、通透的感觉，所以将其称为冷色。大多色彩的冷暖感觉都是相对存在的。比如说紫色和黄色，紫色中的红紫色较暖，而蓝紫色则较冷。

三、奶油夹色方法

在裱花蛋糕制作中，花边的颜色可以不只是纯色，也可以通过夹色的方式丰富颜色。夹色分为中间夹色、单边夹色、双色相杂、双侧夹色等。

1. 中间夹色

（1）先将白色奶油装进裱花袋。

（2）取另一袋调好色的粉色奶油，从里至外贴于裱花袋上方，对准花嘴的中间位置，直挤出一条粉色奶油线。

（3）用白色奶油将粉色夹在中间，挤出的即为中间夹色奶油，见图2-17。

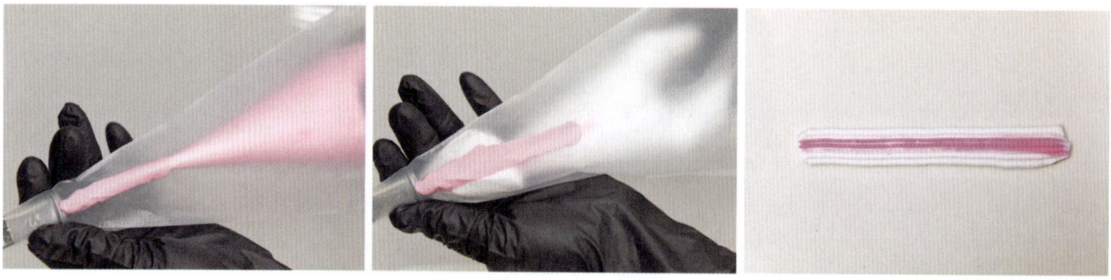

图2-17 中间夹色

2. 单边夹色

（1）首先准备好一袋白色奶油和一袋蓝色奶油。

（2）将蓝色奶油袋对准花嘴较薄的一头，由里至外挤出一条细长线。

（3）将白色奶油挤进裱花袋中，挤出的奶油即为单边夹色奶油，见图2-18。

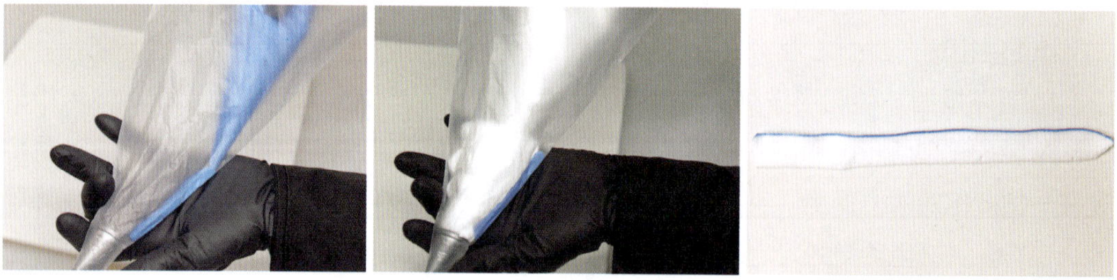

图2-18 单边夹色

3. 双色相杂

（1）准备好两袋不同颜色的奶油，各占一半，一起挤入裱花袋中。

（2）挤出的奶油即为双色奶油，见图2-19。

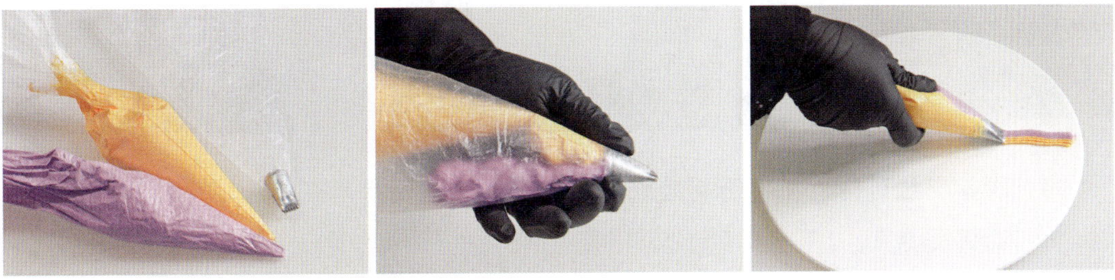

图2-19　双色奶油

4. 双侧夹色

（1）在袋中挤入紫色奶油贴于裱花袋左侧和右侧。

（2）在中间挤入白色奶油，挤出的即为双侧夹色奶油见图2-20。

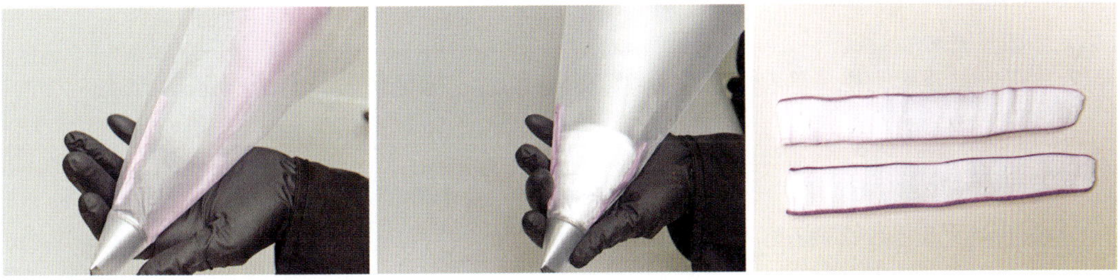

图2-20　双侧夹色

问题探究

查阅相关资料并借助以下题目完成预习任务。

1. 选择题

以下哪个不属于牡丹花的花语？（　　）

A. 富贵　　B. 圆满　　C. 健康　　D. 繁荣

2. 填空题

（1）三原色指色彩中__________三种基本颜色。

（2）所谓原色，也称为__________，就是可以用来__________的基本色。

（3）奶油花边夹色的方式分为__________、__________、__________、__________等。

3. 参考下列图片，简要描述牡丹花与五瓣花、雏菊在形态结构上有哪些区别。

4. 请各小组讨论，并以绘制思维导图的方式梳理制作本任务裱花主题蛋糕的操作流程及要点。

任务准备

按照要求完成“制作牡丹花主题裱花蛋糕”的工作任务准备。

1. 设备工具

本任务需要厨师机、直花嘴、扁锯齿花嘴、刮片、裱花棒、剪刀、抹刀等。

各个小组长汇总本任务所需要的原料和工具，以班级为单位填写工具原料领用单。

2. 原料准备

本任务原料准备如表2-6所示。

表2-6 制作牡丹花主题裱花蛋糕原料表

戚风蛋糕坯		蛋糕装饰	
原料	用量	原料	用量
蛋清	5个	紫色色素	1瓶
细砂糖A	22g	黄色色素	1瓶
色拉油	40g	绿色色素	1瓶
牛奶	40g	橙色色素	1瓶
细砂糖B	80g	糯米花托	5个
蛋黄	5个	植物奶油	700g
低筋面粉	90g	裱花袋	5个

3. 确定工作方案

以小组讨论的形式制订“制作牡丹花主题裱花蛋糕”的工作方案（岗位分工、岗位职责、岗位要求），并填写工作方案表。

任务实施

1. 奶油圆面抹制

配图	操作方法	操作说明
	将蛋糕坯抹好奶油圆面备用	

2. 裱挤奶油花边（绕+拉弧）

配图	操作方法	操作说明
	按图中所示，准备工具和材料	
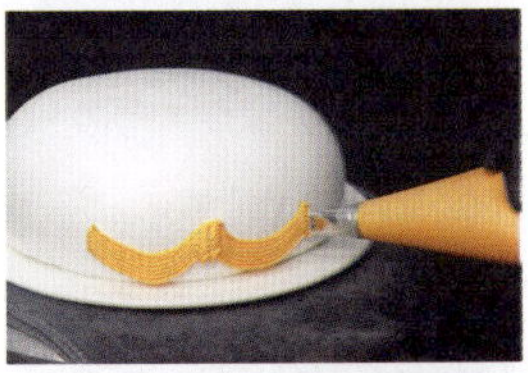	扁锯齿花嘴向右倾斜30°，从6点钟方向开始，裱挤一圈花边，首尾相连	
	将黄色奶油细裱贴于蛋糕坯6点钟位置，裱挤出“几”字形迷宫状花纹	牡丹花主题裱花蛋糕花边裱挤

3. 裱挤奶油牡丹花

配图	操作方法	操作说明
	将糯米花托的圆端内挤入八分满奶油，并用直花嘴在糯米花托外部裱挤出奶油作为花托	奶油花托要高于糯米花托，奶油花托太低，制作时花瓣会往下掉
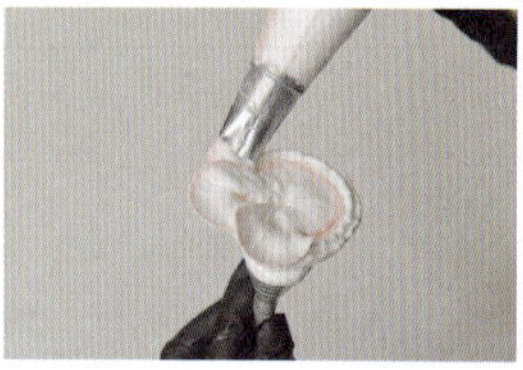	将直花嘴薄口向上翘起45°，放在糯米花托内1/2位置，左手转动糯米花托，右手抖挤出6片扇形花瓣	裱挤第五片花瓣收尾时角度要高，避免碰到第一片花瓣
	将直花嘴薄口向上翘起60°，从第一层花瓣交错的位置开始抖挤出第二层6瓣花瓣	第二层花瓣要小于第一层花瓣
	直花嘴薄口向上翘起90°，从第二层花瓣的根部，抖挤出第三层4~5片花瓣	第三层花瓣要小于第二层花瓣，花瓣中心要空出花蕊位置
	用绿色奶油细裱，由粗至细挤出花柱，黄色奶油细裱在花柱周围，拔出花蕊	花形制作时要保持圆润，开放自然
	重复以上操作，将花卉整合	牡丹花裱挤及摆放
 成品图	蛋糕成品	

成本核算与流程结束整理

根据实际情况，进行本任务产品的成本核算，并填写成本核算表与流程结束整理清单。

总结与复习

请在完成以下题目的过程中对本任务进行总结与复习。

1. 根据三原色基础知识，将正确的颜色涂在白色圆圈内。

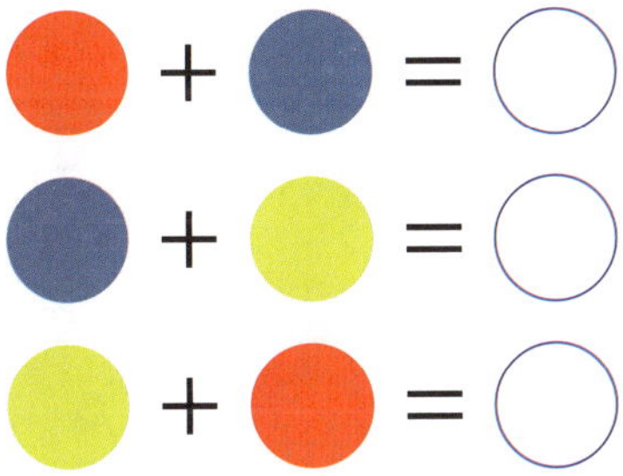

2. 回顾“色彩基础知识”的内容，完成以下填空。

（1）填齐以下空缺。

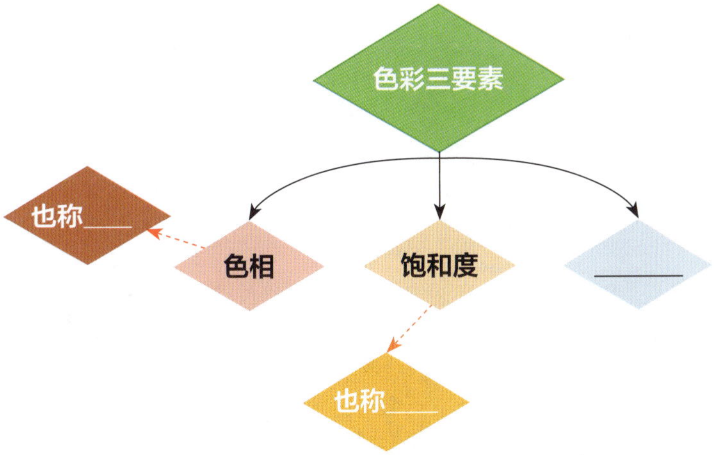

（2）裱挤牡丹花的第一层花瓣时，要将直花嘴薄口向________翘起________角，放在糯米花托内________位置，左手转动糯米花托，右手抖挤出花瓣。

裱挤牡丹花的第二层花瓣时，要将直花嘴薄口向________翘起________角，从第一层花瓣__________开始抖挤出第二层花瓣。

裱挤牡丹花的第三层花瓣时，要将直花嘴薄口向________翘起________角，从第二层花瓣的__________开始抖挤出第三层花瓣。

3. 请分析在裱挤过程中有时会出现牡丹花纹路不自然的原因是什么。

4. 在牡丹花中心裱挤花蕊时，要求花蕊的花柱自然且不断裂，请问有哪些操作技巧?

评价反馈

制作牡丹花主题裱花蛋糕专业能力评价表

学生姓名：__________ 组别：__________ 日期：__________

评价方式	评价环节	评价项目	评价内容	评价要素	不计分	不及格	及格	良	优
学生自评（10%）	课前评价	基础知识（10分）	自主学习	预习本任务内容，通过网络搜集相关知识材料（10分）	0	—	6.0	8.0	10.0
组间评价（20%）	课中评价	戚风蛋糕坯的制作（5分）	操作过程	正确称配原料；面糊无颗粒、无生粉；烘烤温度和烘烤时间到位；成品色泽金黄，膨胀度较好（5分）	0	1.5	3.0	4.0	5.0
		奶油圆面的制作（5分）		坯体表面平整，无明显气泡、纹路；坯体侧面垂直于转台或金底板（5分）	0	1.5	3.0	4.0	5.0
		花边的制作（5分）		奶油细腻光滑；花边纹路间隔均匀、流畅；花纹表面无明显裂口、大气泡（5分）	0	1.5	3.0	4.0	5.0
		裱花及产品呈现（5分）		花卉花瓣层次分明，符合花的自然开放规律；花卉的摆放有高低错落之感；装饰色彩搭配和谐（5分）	0	1.5	3.0	4.0	5.0
教师评价（70%）		戚风蛋糕坯的制作（5分）		正确称配原料（1分）	0	0.2	0.5	0.8	1.0
				面糊细腻无颗粒、无生粉（1分）	0	0.2	0.5	0.8	1.0
				成品色泽金黄（1分）	0	0.2	0.5	0.8	1.0
				成品膨胀度较好（1分）	0	0.2	0.5	0.8	1.0
				注意操作卫生与安全（1分）	0	0.2	0.5	0.8	1.0

续表

评价方式	评价环节	评价项目	评价内容	评价要素	不计分	不及格	及格	良	优
教师评价（70%）	课中评价	奶油圆面的制作（15分）	操作过程	坯体表面平整，无明显气泡、纹路（3分）	0	1.0	1.5	2.0	3.0
				坯体侧面垂直于转台或金底板（3分）	0	1.0	1.5	2.0	3.0
				正确使用裱花工具（3分）	0	1.0	1.5	2.0	3.0
				勤俭节约，无明显浪费（3分）	0	1.0	1.5	2.0	3.0
				注意操作卫生与安全（3分）	0	1.0	1.5	2.0	3.0
		花边的制作（15分）		奶油打发细腻光滑（3分）	0	1.0	1.5	2.0	3.0
				花边纹路间隔均匀、流畅（3分）	0	1.0	1.5	2.0	3.0
				花纹表面无明显裂口、大气泡（3分）	0	1.0	1.5	2.0	3.0
				花边大小均匀统一（3分）	0	1.0	1.5	2.0	3.0
				注意操作卫生与安全（3分）	0	1.0	1.5	2.0	3.0
		裱花及产品呈现（10分）	产品展示	花卉花瓣层次分明，符合花的自然开放规律（2分）	0	0.5	1.0	1.5	2.0
				花卉的摆放有高低错落之感（2分）	0	0.5	1.0	1.5	2.0
				装饰色彩搭配和谐（3分）	0	1.0	2.0	2.5	3.0
				作品在规定时间内出品展示（3分）	0	1.0	2.0	2.5	3.0
		学习能力（10分）	探究归纳	（1）探究错误原因（3分） （2）举一反三，具有知识迁移能力（3分） （3）总结问题的解决办法及重难点（4分）	0	2.0	6.0	8.0	10.0
	课后评价	巩固迁移能力（15分）	总结归纳	能够完成教师布置的作业（15分）	0	4.0	8.0	12.0	15.0
总分									

注：①总分＜60为不及格；60≤总分＜75为及格；75≤总分＜85为良；总分≥85为优。
②每个评分项目里，一旦出现安全问题或不出品皆为0分。

任务五　制作玫瑰花主题裱花蛋糕

学习目标

知识目标

1. 了解奶油裱花蛋糕制作过程中常用的色素种类。
2. 掌握颜色搭配的基本原则和基础调色方法。
3. 熟知花边（抖、拉）的制作手法和技巧。

能力目标

1. 能根据任务中不同原料特性，选择适合的色素进行调色。
2. 能够按照操作流程，裱挤出奶油玫瑰花成品。
3. 能够按照实训室安全操作守则进行操作，严格遵守实训室现场7S管理规范，正确使用工具和设备，并进行产品制作。

素养目标

1. 通过反复练习查缺补漏，精进技术水平，发扬精益求精的工匠精神。
2. 通过本任务蛋糕的制作，感受相互配合、共同奋斗的协作精神。

建议学时

12学时

任务描述

本任务制作一款象征爱情和浪漫的蛋糕，蛋糕要以戚风蛋糕坯为底坯，以玫瑰花作为奶油装饰花卉，并选取相应的花边进行搭配。

本任务可按4人为一组进行制作，过程严格遵守实训室安全操作守则，正确使用工具和设备，遵守卫生标准流程，团队协作完成。

知识导学

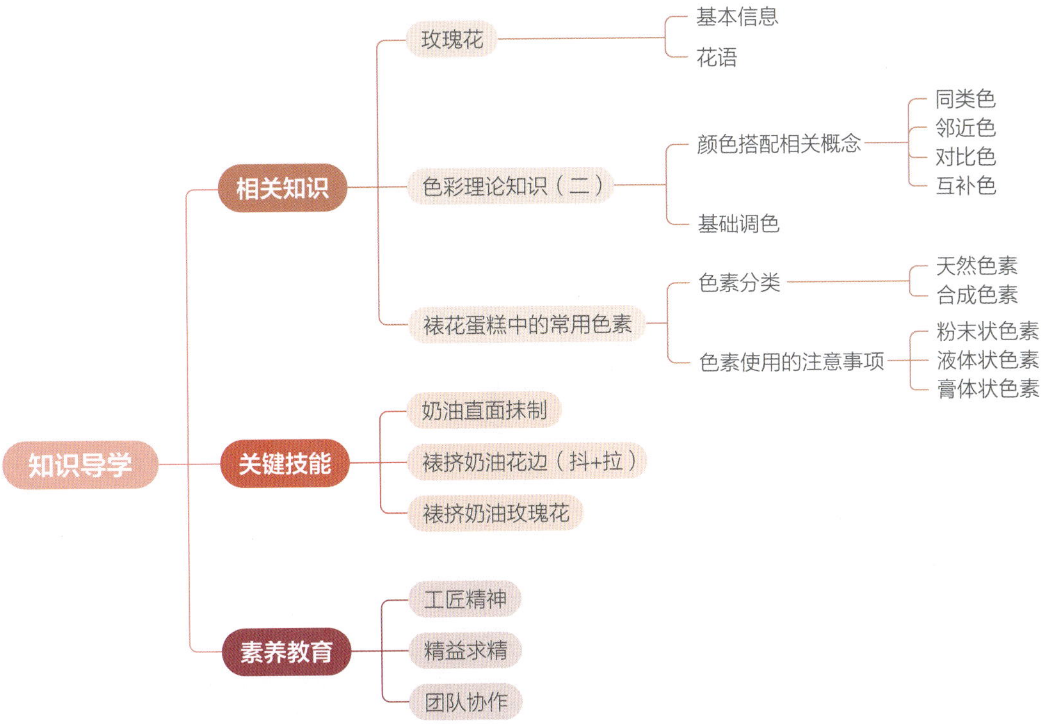

知识链接

一、玫瑰花

玫瑰花，别名刺玫花，花味浓颜色艳，见图2-21，寓意为真挚而纯洁的爱，人们多把它作为爱情的信物，是表达爱意的首选花卉。

随着人民生活水平的不断提高，人们常在庆典节日或纪念日上订购玫瑰花蛋糕，表达对美好生活和幸福人生的热爱。

图2-21　玫瑰花形态

二、色彩理论知识（二）

1. 颜色搭配相关概念

（1）同类色　同类色是指色轮夹角60°以内的色彩，即颜色差异不大的色彩，在色轮上位置很近，搭配在一起有协调统一的效果，也可以通过增加明暗对比，制造出丰富的质感和层次，例如高明度的橙色与黄色之间的对比。

（2）邻近色　邻近色是指色轮上间隔角度在60°～90°的色彩，在明度和饱和度上可以构成较大的反差效果，因此这种配色使画面呈现出丰富、跳跃的感觉，如红与黄、橙与绿、青色与黄绿。

（3）对比色　对比色指色轮上夹角在120°左右的色彩，这样的色彩搭配使画面存在矛盾关系，矛盾越鲜明，意味着对比越强烈，常用作凸显需要着重说明的独立视觉元素或主题信息，例如天空的青蓝色与橙色之间的对比。

（4）互补色　互补色是指色轮上那些呈180°角的颜色，比如蓝色和橙色、红色和绿色、黄色和紫色等。互补色有非常强烈的对比度，例如高明度的紫色背景与橙黄色色块之间的对比。

2. 基础调色

红加黄变橙，红加蓝变紫，黄加蓝变绿。红、黄、蓝是三原色，橙、紫、绿则是三间色。间色与间色相调和就会组成各类灰色调。

三、裱花蛋糕中的常用色素

1. 色素分类

市面上食用色素大致可分为天然色素与合成色素，以粉状、膏状或液状的形态出现。

（1）天然色素　天然色素大多是从天然植物中萃取的，比如红色从高丽菜或甜菜根中萃取、黄色从藏红花或栀子花中萃取，都是比较常见的，一般通过水来萃取，但也有用乙醇或丙烯乙二醇、丙酮等化学物质萃取的；也有从动物中提取的方法，比如红色可来源于虾壳中的虾红素；还可以从微生物中提取，如红色也可来源于酱豆腐表面的红曲色素。此外还有芒果粉、抹茶粉、草莓粉、甜菜根粉、紫薯粉、菠菜粉、南瓜粉、胡萝卜粉、蝶豆花粉、姜黄粉、可可粉等，可用以满足各种颜色需求。

天然色素更为自然健康，但价格相对较贵，且上色较难，颜色会不够鲜艳。

（2）合成色素　合成色素是通过化学方法合成的，优点是色泽鲜艳且着色力强，属于食品添加剂的一种，有严格的限量。目前，常用的合成色素有苋菜红、胭脂红、赤藓红、柠檬黄等。

2. 色素使用的注意事项

色素有粉末状、液体状和膏体状等不同的存在状态，适用于不同的操作工艺。

（1）粉末状色素　粉末状的色素是一种完全干燥的粉状材料，也称为色淀，可以溶于水后使用，也有溶于酒精中使用的，还可以直接加在液体材料里，上色前要进行反复测试，如天然色素果蔬粉，见图2-22。

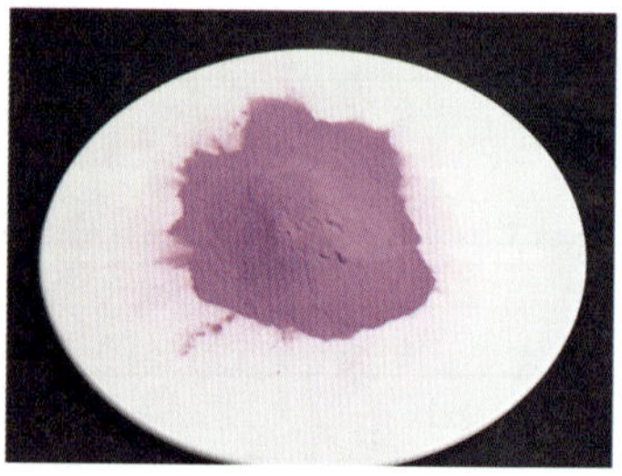

图2-22　天然色素果蔬粉

在裱花奶油蛋糕制作中主要用于巧克力调色。

（2）液体状色素　液体状色素可以逐滴加入材料中，调色方便，不易加入过量，但因着色力不如色粉和色膏强，要注意色素里的含水量可能会影响配方，见图2-23。在裱花奶油蛋糕制作中常用液体状色素。

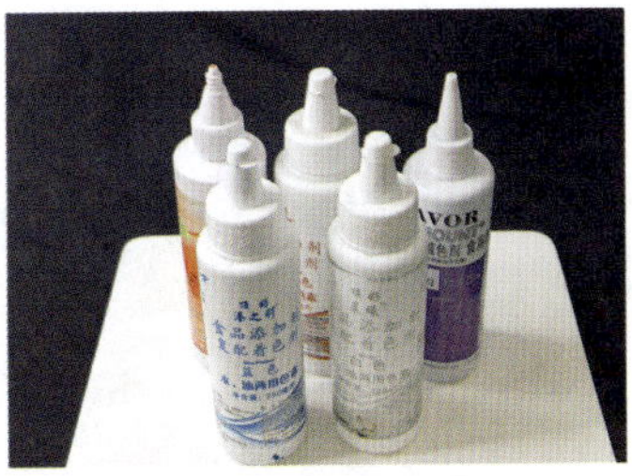

图2-23　液体状色素

（3）膏体状色素　膏体状色素质地较为浓稠，非常耐用，着色力强，使用时可用牙签挑取少量色膏以尝试分步调色，防止使用过量，常用于翻糖膏、杏仁膏等材料的调色，见图2-24。

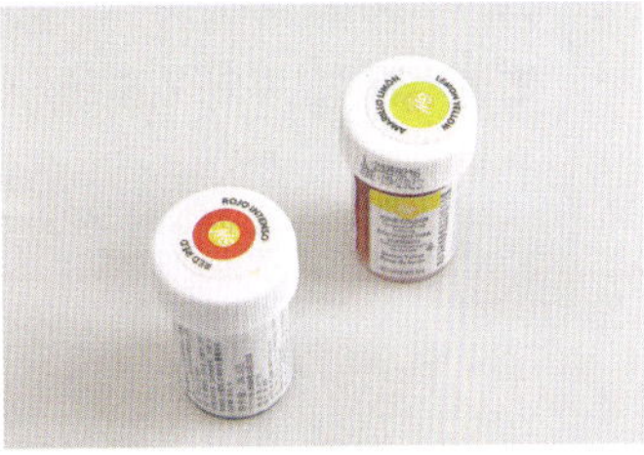

图2-24　膏体状色素

问题探究

查阅相关资料并借助以下题目完成预习任务。

1. 填空题

同类色是指色轮夹角__________的色彩；邻近色指色轮上间隔角度在__________的色彩；对比色指色轮上夹角在__________左右的色彩；互补色是指色轮上那些呈__________的颜色。

2. 请将下列色素与其缺点进行连线。

天然色素果蔬粉　　液体状色素　　膏体状色素

不易上色　　需要注意用量　　不易溶于面糊

3. 判断题

红、黄、蓝是三间色，橙、紫、绿则是三原色。（　　）

4. 简述奶油直面抹制的制作过程和操作要点。

5. 请各小组讨论，并以绘制思维导图的方式梳理制作本任务裱花主题蛋糕的操作流程及要点。

任务准备

按照要求完成"制作玫瑰花主题裱花蛋糕"的工作任务准备。

1. 设备工具

本任务需准备厨师机、圆锯齿花嘴、直花嘴、裱花棒、剪刀、抹刀等。

各个小组长汇总本任务所需要的原料和工具，以班级为单位填写工具原料领用单。

2. 原料准备

本任务需按表2-7准备原料。

表2-7 制作玫瑰花主题裱花蛋糕原料表

戚风蛋糕坯		蛋糕装饰	
原料	用量	原料	用量
蛋清	5个	植物奶油	1000g
细砂糖A	22g	粉色色素	1瓶
色拉油	40g	绿色色素	1瓶
牛奶	40g	裱花袋	10个
细砂糖B	80g		
蛋黄	5个		
低筋面粉	90g		

3. 确定工作方案

以小组讨论的形式制订"制作玫瑰花主题裱花蛋糕"的工作方案（岗位分工、岗位职责、岗位要求），并填写工作方案表。

任务实施

1. 奶油直面抹制

配图	操作方法	操作说明
	将抹制好的蛋糕坯置于转台上备用	

2. 裱挤奶油花边（抖+拉）

配图	操作方法	操作说明
	按配图中所示，准备工具和材料	
	将直花嘴放于蛋糕坯侧面6点钟位置，裱挤出一圈反拉弧形花边	
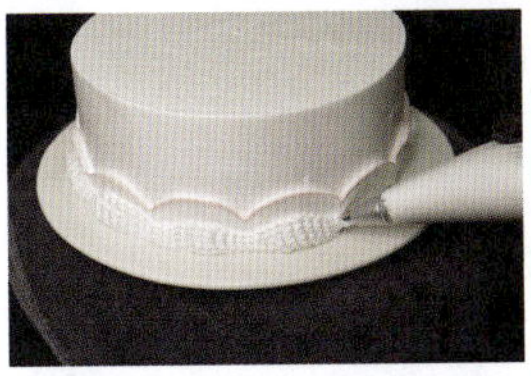	中号圆锯齿花嘴倾斜75°，从蛋糕底部6点钟方向，右手手臂上下抖动，按照“细—粗—细”顺序，裱挤出抖边（毛毛虫花边）	
	直花嘴厚口朝下，薄口向上打开45°角，放在蛋糕坯顶部6点钟位置，左手转动转台，右手原地上下运动拉出正拉弧花边	
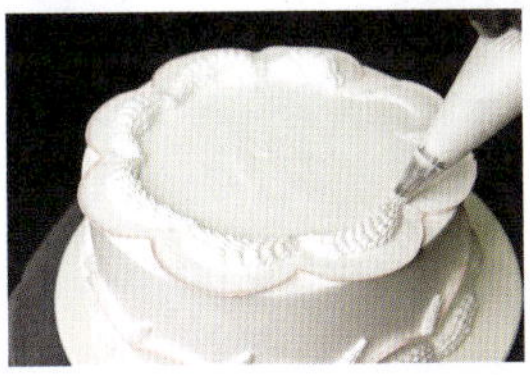	将中号圆锯齿花嘴倾斜75°，放在蛋糕坯顶部6点钟位置，手臂沿着弧形花边根部上下抖动花嘴，按照“细—粗—细”顺序，裱挤出一圈抖边（毛毛虫花边）	玫瑰花主题裱花蛋糕花边裱挤

3. 裱挤奶油玫瑰花

配图	操作方法	操作说明
	直花嘴薄口翘起45°放在糯米花托6点钟位置，左手转动花棒裱挤出花芯	

配图	操作方法	操作说明
	花嘴薄口翘起45°角放在糯米花托6点钟位置，左手转动花棒，右手由“下—上—下”的顺序绕挤出第一片弧形花瓣	花芯包裹不紧时，可向上提手腕使花芯更贴合； 花瓣应高于花芯； 制作时，花嘴厚口要始终贴着糯米花托
	花嘴薄口翘起45°，置于第一片花瓣1/2的位置，由“下—上—下”的顺序绕挤出第二、三片弧形花瓣	第二片花瓣与第一片花瓣高度要保持一致； 若花嘴向上抬，会使花瓣脱离，破坏瓣与瓣之间的立体结构
	同上方法，花嘴薄口翘起55°制作出第二层的三片花瓣	第二层花瓣要略高于第一层花瓣
	同上方法，花嘴薄口翘起65°制作出第三层的三片花瓣	第三层花瓣与第二层花瓣高度要保持一致
	同上方法，花嘴薄口翘起75°制作出第四层的三片花瓣	第四层花瓣要略低于第三层花瓣，呈现自然绽放的形态，裱挤奶油时应自然流畅，否则花瓣会出现褶皱
	重复以上操作，将花卉整合成蛋糕成品	玫瑰花裱挤及摆放
	蛋糕成品	

成本核算与流程结束整理

根据实际情况，进行本任务产品的成本核算，并填写成本核算表与流程结束整理清单。

总结与复习

请在完成以下题目的过程中对本任务进行总结与复习。

1. 判断题

   裱挤毛毛虫花边的时候，要按照“粗—细—粗”的顺序进行。(　　)

2. 选择题

   裱挤玫瑰花时，直花嘴应放在糯米花托的什么位置？(　　)

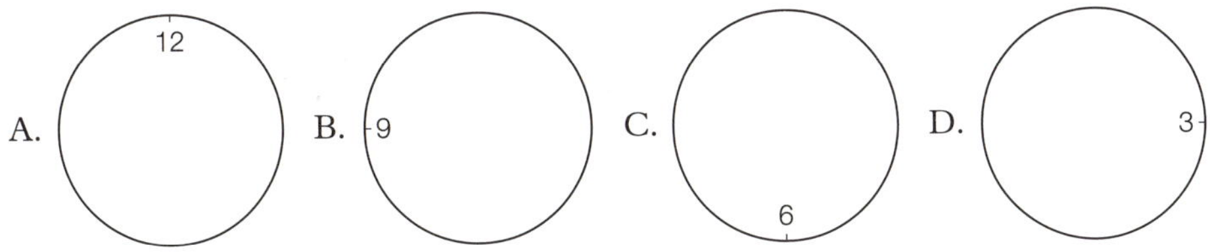

3. 根据基础调色知识，将正确的颜色涂在白色圆圈内。

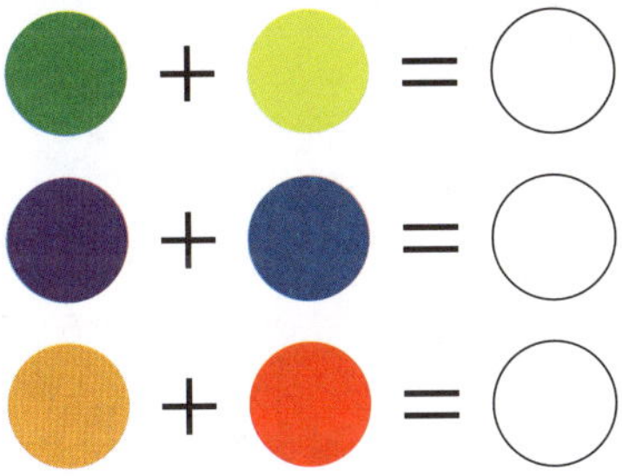

4. 填空题

   裱挤玫瑰花的第一片花瓣时，左手转动裱花棒，右手由__________的顺序绕挤，花芯包不紧时，可__________使花芯包紧。注意花瓣的流畅，若花瓣有褶皱说明制作的中间__________了。

5. 请简要分析，裱挤玫瑰花花瓣时各层次间花瓣的高度是如何变化的。

评价反馈

制作玫瑰花主题裱花蛋糕专业能力评价表

学生姓名：____________ 组别：____________ 日期：____________

评价方式	评价环节	评价项目	评价内容	评价要素	不计分	不及格	及格	良	优
学生自评（10%）	课前评价	基础知识（10分）	自主学习	预习本任务内容，通过网络搜集相关知识材料（10分）	0	—	6.0	8.0	10.0
组间评价（20%）	课中评价	戚风蛋糕坯的制作（5分）	操作过程	正确称配原料；面糊无颗粒、无生粉；烘烤温度和烘烤时间到位；成品色泽金黄，膨胀度较好（5分）	0	1.5	3.0	4.0	5.0
		奶油直面的制作（5分）		坯体表面平整，无明显气泡、纹路；坯体侧面垂直于转台或金底板（5分）	0	1.5	3.0	4.0	5.0
		花边的制作（5分）		奶油细腻光滑；花边纹路间隔均匀、流畅；花纹表面无明显裂口、大气泡（5分）	0	1.5	3.0	4.0	5.0
		裱花及产品呈现（5分）		花卉花瓣层次分明，符合花的自然开放规律；花卉的摆放有高低错落之感；装饰色彩搭配和谐（5分）	0	1.5	3.0	4.0	5.0
教师评价（70%）		戚风蛋糕坯的制作（5分）		正确称配原料（1分）	0	0.2	0.5	0.8	1.0
				面糊细腻无颗粒、无生粉（1分）	0	0.2	0.5	0.8	1.0
				成品色泽金黄（1分）	0	0.2	0.5	0.8	1.0
				成品膨胀度较好（1分）	0	0.2	0.5	0.8	1.0
				注意操作卫生与安全（1分）	0	0.2	0.5	0.8	1.0
		奶油直面的制作（15分）		坯体表面平整，无明显气泡、纹路（3分）	0	1.0	1.5	2.0	3.0
				坯体侧面垂直于转台或金底板（3分）	0	1.0	1.5	2.0	3.0
				正确使用裱花工具（3分）	0	1.0	1.5	2.0	3.0
				勤俭节约，无明显浪费（3分）	0	1.0	1.5	2.0	3.0
				注意操作卫生与安全（3分）	0	1.0	1.5	2.0	3.0
		花边的制作（15分）		奶油打发细腻光滑（3分）	0	1.0	1.5	2.0	3.0
				花边纹路间隔均匀、流畅（3分）	0	1.0	1.5	2.0	3.0

续表

评价方式	评价环节	评价项目	评价内容	评价要素	不计分	不及格	及格	良	优
教师评价（70%）	课中评价	花边的制作（15分）	操作过程	花纹表面无明显裂口、大气泡（3分）	0	1.0	1.5	2.0	3.0
				花边大小均匀统一（3分）	0	1.0	1.5	2.0	3.0
				注意操作卫生与安全（3分）	0	1.0	1.5	2.0	3.0
		裱花及产品呈现（10分）	产品展示	花卉花瓣层次分明，符合花的自然开放规律（2分）	0	0.5	1.0	1.5	2.0
				花卉的摆放有高低错落之感（2分）	0	0.5	1.0	1.5	2.0
				装饰色彩搭配和谐（3分）	0	1.0	2.0	2.5	3.0
				作品在规定时间内出品展示（3分）	0	1.0	2.0	2.5	3.0
		学习能力（10分）	探究归纳	（1）探究错误原因（3分） （2）举一反三，具有知识迁移能力（3分） （3）总结问题的解决办法及重难点（4分）	0	2.0	6.0	8.0	10.0
	课后评价	巩固迁移能力（15分）	总结归纳	能够完成教师布置的作业（15分）	0	4.0	8.0	12.0	15.0
总分									

注：①总分＜60为不及格；60≤总分＜75为及格；75≤总分＜85为良；总分≥85为优。
②每个评分项目里，一旦出现安全问题或不出品皆为0分。

任务六　制作向日葵主题裱花蛋糕

学习目标

知识目标

1. 了解裱花蛋糕常用的装饰材料。
2. 了解裱花蛋糕常用的植物类装饰叶子。
3. 阐述叶子花嘴、圆锯齿花嘴的使用方法。
4. 掌握花边（豆边+拉弧）的制作手法和技巧。

能力目标

1. 能按照操作流程，正确打发适宜裱挤向日葵花形的奶油。
2. 能裱挤出整齐干净、纹路均匀的豆边和拉弧花边。
3. 能正确裱挤出花形饱满、层次分明、花瓣自然的向日葵花卉。

素养目标

1. 通过反复训练和课后练习培养自主学习的习惯、爱好和能力。
2. 通过师生间深情厚谊的故事分享，营造尊师重教的良好风尚。

建议学时

24学时

任务描述

如果学生是向日葵，那老师就是园丁，精心呵护着学生，在教师节送老师向日葵主题蛋糕可以表达对老师的感谢与桃李满天下的祝福。本任务要求蛋糕以海绵蛋糕坯为底坯，以向日葵作为奶油装饰花卉，并选取相应的花边进行搭配。

分组为不同的老师创作向日葵主题裱花蛋糕，过程严格遵守实训室安全操作守则，正确使用工具和设备，遵守卫生标准流程，团队协作完成。

知识导学

- 知识导学
  - 相关知识
    - 向日葵
      - 基本信息
      - 形态特征
      - 花语
    - 裱花蛋糕装饰材料
      - 制作裱花蛋糕的常用装饰原料
        - 巧克力
        - 果粒、果酱
        - 巧克力专用淋面酱
        - 果膏
        - 艾素糖
        - 蛋白糖
      - 裱花蛋糕常用的装饰叶子
        - 薄荷叶
        - 迷迭香
        - 尤加利叶
        - 荷兰芹
  - 关键技能
    - 奶油圆面抹制
    - 裱挤奶油花边（豆边+拉弧）
    - 裱挤奶油向日葵
  - 素养教育
    - 尊敬师长
    - 独立自主

知识链接

一、向日葵

向日葵（图2-25）是一种可高达3m的大型年生菊科向日葵属植物，因花序随太阳转动而得名。向日葵的花语是信念、光辉、忠诚，代表着勇敢地去追求自己想要的幸福。向日葵永远向着太阳盛开，代表追逐阳光，绽放的不仅是爱情，还有对梦想、对生活的热爱。

图2-25　向日葵形态

二、裱花蛋糕装饰材料

1. 制作裱花蛋糕的常用装饰原料

（1）巧克力　目前市面上的巧克力，依成分大约可分为以下几类。

黑巧克力（或称纯巧克力，Dark chocolate）——乳质含量少于12%；

牛奶巧克力（Milk chocolate）——至少含10%的可可浆及至少12%的乳质；

白巧克力（White chocolate）——由可可脂、糖、牛奶和香料制成，不含可可粉的巧克力。

常见巧克力装饰件有：巧克力花和几何配件，见图2-26和图2-27。

图2-26　巧克力花

图2-27　巧克力配件

（2）果粒、果酱　果粒和果酱口感酸甜，为天然水果制作出的果酱，可直接铺于蛋糕表面进行装饰，也可以夹在蛋糕中间层作为馅料。

（3）巧克力专用淋面酱、果膏　巧克力专用淋面酱和果膏可以直接淋于蛋糕表面，增加光泽度。果膏也称光亮膏，能有效防止水果切面氧化，也可作为淋面装饰，见图2-28。

（4）艾素糖　艾素糖是一种糖艺专用的进口糖，艾素糖的甜度低，吸湿性弱，抗还原性强，是制作糖艺的最佳理想原料，可用来制作各种糖艺装饰，见图2-29。

图2-28　果膏

图2-29　艾素糖

（5）蛋白糖　蛋白糖是一种泡沫蛋糕甜点及装饰。它的口感清淡、轻快并甘甜，主要通过搅拌蛋清和糖而制成，可以加入少许色素调色，自制的蛋白糖带有柔软的内部和香脆的外壳。

2. 裱花蛋糕常用的装饰叶子

（1）薄荷叶　常见的薄荷品种有胡椒薄荷、苹果薄荷、留兰香、唇萼薄荷、凤梨薄荷等。烘焙中使用较多为柠檬薄荷，香味浓郁，常常配合水果使用，增加食欲。

（2）迷迭香　迷迭香清甜带有松木香的气味和风味，香味浓郁，甜中带有苦味，在西餐中常常作为调味品。迷迭香的花和叶子中能提取具有优良抗氧化性的抗氧化剂和迷迭香精油，颜色深绿、外形独特，常常用于高端甜品装饰，见图2-30。

图2-30　迷迭香

图2-31　尤加利叶

（3）尤加利叶　尤加利叶也就是桉树叶，是北欧风甜品所用的代表性植物。叶片散发出来的挥发性气味还具有提神醒脑、清凉消暑的功效，长而纤细的枝条，带有些许白霜的绿色，在奶油蛋糕装饰中散发高冷文艺的气质，见图2-31。

（4）荷兰芹　荷兰芹，即香芹，色泽浓绿、风味强烈、营养丰富，富含硒和铁等微量元素。荷兰芹是西餐中常见的一种香料，具有提神、开胃和增强人体的免疫力等作用，深受消费者喜爱，在蛋糕装饰中，挑选叶片小巧精致的荷兰芹可与薄荷叶起到相同的装饰作用。

问题探究

查阅相关资料并借助以下题目完成预习任务。

1. 填空题

（1）向日葵的花语都有哪些？

____。

（2）果膏也可称作________，能有效防止________，也可作为________，口味种类丰富。

2. 选择题

（1）制作向日葵花卉时，奶油应搅拌至（　　）状态。

A. 湿性发泡　　B. 中性发泡　　C. 干性发泡

（2）根据成分巧克力可分为（　　）。

A. 黑巧克力　　B. 牛奶巧克力　　C. 白巧克力　　D. 榛子巧克力

3. 请各小组讨论，并以绘制思维导图的方式梳理制作本任务裱花蛋糕的操作流程及要点。

任务准备

按照要求完成“制作向日葵主题裱花蛋糕”的工作任务准备。

1. 设备工具

本任务需准备厨师机、小号叶子花嘴、中号圆锯齿花嘴、裱花棒、刮片、剪刀、抹刀等。各个小组长汇总本任务所需要的原料和工具，以班级为单位填写工具原料领用单。

2. 原料准备

本任务原料准备如表2-8所示。

表2-8 制作向日葵主题裱花蛋糕原料表

戚风蛋糕坯		蛋糕装饰	
原料	用量	原料	用量
蛋清	5个	红色色素	1瓶
细砂糖A	22g	黄色色素	1瓶
色拉油	40g	绿色色素	1瓶
牛奶	40g	棕色色素	1瓶
细砂糖B	80g	糯米花托	5个
蛋黄	5个	植物奶油	700g
低筋面粉	90g	巧克力拉线膏	50g
		裱花袋	10个

3. 确定工作方案

以小组讨论的形式制订“制作向日葵主题裱花蛋糕”的工作方案（岗位分工、岗位职责、岗位要求），并填写工作方案表。

任务实施

1. 奶油圆面抹制

配图	操作方法	操作说明
	将抹制好的蛋糕坯置于转台上备用	

2. 裱挤奶油花边（豆边+拉弧）

配图	操作方法	操作说明
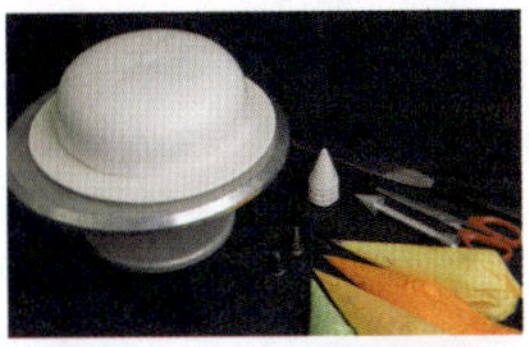	按配图所示，准备工具和材料	
	在蛋糕坯侧面裱挤出豆边	豆边要求奶油花纹细腻，大小一致，每个纹路间隙大小一样
	在已制作好的豆边之间，由粗至细拔出一圈小叶子	
	用中号圆锯齿花嘴从蛋糕坯侧面6点钟位置开始裱挤弧形花边，花嘴角度保持向右倾斜30°，用小臂带动做绕圈动作，向前绕2圈再拉出弧形花边	
	同上手法，在蛋糕坯侧面制作一圈花边，首尾相连	向日葵主题裱花蛋糕花边裱挤

3. 裱挤奶油向日葵

配图	操作方法	操作说明
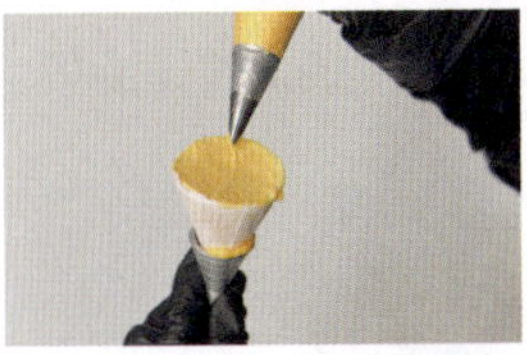	在花托的圆端内挤一层奶油，注意奶油要呈凹面	挤至八分满即可，填得太多会使花瓣凸出，填得太少会使花瓣塌陷影响美观
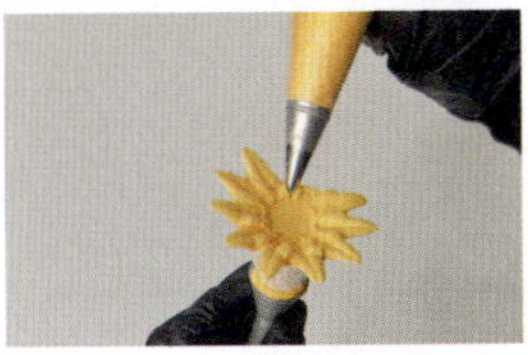	花嘴倾斜40°左右，围绕花托圆端内边直拔出第一层花瓣	注意不要斜拔，否则会使花形旋转

配图	操作方法	操作说明
	在第一层花瓣的交错处拔出第二层花瓣，第二层花瓣要与第一层花瓣长度相同	注意奶油出量要均匀，否则花瓣粗细、薄厚、长短会不一致
	用橙色奶油细裱，拔出一圈细小花蕊	花蕊要略压花瓣根部，将交接口做细致
	用巧克力拉线膏在花芯上挤出圆形花蕊，整体花形要圆润，两层花瓣长短统一，排列整齐，花芯的圆球要大而圆	制作完成的向日葵需花形圆润，开放自然
	重复以上操作，将花卉整合成蛋糕成品	向日葵的裱挤及摆放
	蛋糕成品	

■ 成本核算与流程结束整理

根据实际情况，进行本任务产品的成本核算，并填写成本核算表与流程结束整理清单。

总结与复习

请在完成以下题目的过程中，对本任务进行总结与复习。

回顾本任务内容，完成以下填空。

（1）制作裱花蛋糕常用的原材料有__________、__________、__________、__________、__________、__________、__________。

（2）裱挤豆边花边时，花嘴应放于蛋糕面__________位置，距离蛋糕面__________，向右倾斜__________度角。

（3）裱挤拉弧花边时，用小臂带动做________动作，向前绕______圈再__________拉出弧形花边。

（4）裱挤向日葵时，奶油应搅拌至__________状态，花托内奶油挤至__________即可，填得太多会使花瓣__________，填得太少会使花瓣__________影响美观。

（5）裱挤向日葵第二层花瓣时，花嘴应放在第一层花瓣的________位置、__________出第二层花瓣，第二层花瓣要与第一层花瓣长度__________。奶油出量不均匀，会导致__________、__________、__________不一致。

评价反馈

向日葵主题裱花蛋糕制作综合评价表

学生姓名：__________　　组别：__________　　日期：__________

评价方式	评价环节	评价项目	评价内容	评价要素	不计分	不及格	及格	良	优
学生自评（10%）	课前评价	基础知识（10分）	自主学习	预习本任务内容，通过网络搜集相关知识材料（10分）	0	—	6.0	8.0	10.0
组间评价（20%）	课中评价	戚风蛋糕坯的制作（5分）	操作过程	正确称配原料；面糊无颗粒、无生粉；烘烤温度和烘烤时间到位；成品色泽金黄，膨胀度较好（5分）	0	1.5	3.0	4.0	5.0
		奶油圆面的制作（5分）		坯体表面平整，无明显气泡、纹路；坯体整体呈“顶平、中直、侧垂直”状态（5分）	0	1.5	3.0	4.0	5.0
		花边的制作（5分）		奶油细腻光滑；花边纹路间隔均匀、流畅；花纹表面无明显裂口、大气泡（5分）	0	1.5	3.0	4.0	5.0
		裱花及产品呈现（5 分）		花卉花瓣层次分明，符合花的自然开放规律；花卉的摆放有高低错落之感；装饰色彩搭配和谐（5分）	0	1.5	3.0	4.0	5.0
教师评价（70%）		戚风蛋糕坯的制作（5分）		正确称配原料（1分）	0	0.2	0.5	0.8	1.0
				面糊细腻无颗粒、无生粉（1分）	0	0.2	0.5	0.8	1.0
				成品色泽金黄（1分）	0	0.2	0.5	0.8	1.0
				成品膨胀度较好（1分）	0	0.2	0.5	0.8	1.0
				注意操作卫生与安全（1分）	0	0.2	0.5	0.8	1.0

续表

评价方式	评价环节	评价项目	评价内容	评价要素	不计分	不及格	及格	良	优
教师评价（70%）	课中评价	奶油圆面的制作（15分）	操作过程	坯体表面平整，无明显气泡、纹路（3分）	0	1.0	1.5	2.0	3.0
				坯体整体呈“顶平、中直、侧垂直”状态（3分）	0	1.0	1.5	2.0	3.0
				正确使用裱花工具（3分）	0	1.0	1.5	2.0	3.0
				勤俭节约，无明显浪费（3分）	0	1.0	1.5	2.0	3.0
				注意操作卫生与安全（3分）	0	1.0	1.5	2.0	3.0
		花边的制作（15分）		奶油打发细腻光滑（3分）	0	1.0	1.5	2.0	3.0
				花边纹路间隔均匀、流畅（3分）	0	1.0	1.5	2.0	3.0
				花纹表面无明显裂口、大气泡（3分）	0	1.0	1.5	2.0	3.0
				花边大小均匀统一（3分）	0	1.0	1.5	2.0	3.0
				注意操作卫生与安全（3分）	0	1.0	1.5	2.0	3.0
		裱花及产品呈现（10分）	产品展示	花卉花瓣层次分明，符合花的自然开放规律（2分）	0	0.5	1.0	1.5	2.0
				花卉的摆放有高低错落之感（2分）	0	0.5	1.0	1.5	2.0
				装饰色彩搭配和谐（3分）	0	1.0	2.0	2.5	3.0
				作品在规定时间内出品展示（3分）	0	1.0	2.0	2.5	3.0
		学习能力（10分）	探究归纳	（1）探究错误原因（3分） （2）举一反三，具有知识迁移能力（3分） （3）总结问题的解决办法及重难点（4分）	0	2.0	6.0	8.0	10.0
	课后评价	巩固迁移能力（15分）	总结归纳	能够完成教师布置的作业（15分）	0	4.0	8.0	12.0	15.0
总分									

注：①总分<60为不及格；60≤总分<75为及格；75≤总分<85为良；总分≥85为优。
②每个评分项目里，一旦出现安全问题或不出品皆为0分。

任务七　制作百合花主题裱花蛋糕

学习目标

知识目标	1. 了解裱挤蛋糕字体和转印字体的材料及使用方法。 2. 阐述奶油百合花裱挤的操作要点。
能力目标	1. 能正确掌握百合花花卉的裱挤手法。 2. 能正确裱挤出花形饱满、层次分明、花瓣自然的百合花花卉。
素养目标	1. 通过课堂学习学会从失败中汲取经验，总结规律，指导实践。 2. 练习制作“寿”字裱花，体悟百善孝为先的深刻内涵。

建议学时

12学时

任务描述

百合花自古就深受人们的欢迎，有着百年好合的寓意。在中国，人们认为它代表百事顺心，也可以将它送给朋友或亲人。本任务制作的裱花蛋糕要求以戚风蛋糕坯为底坯，百合作为奶油装饰花形，并选取相应的花边进行搭配。

请为自己的亲人制作以“百合花”主题的裱花蛋糕，过程严格遵守实训室安全操作守则，正确使用工具和设备，遵守卫生标准流程，团队协作完成。

知识导学

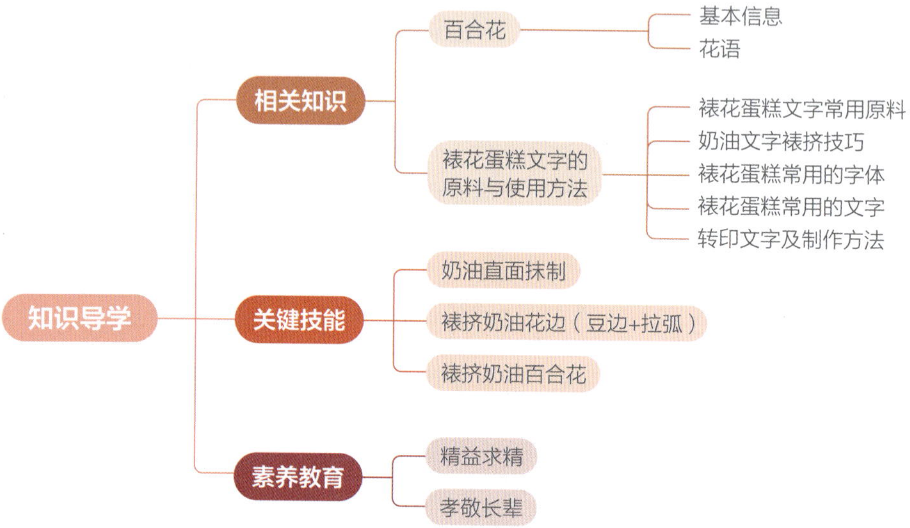

知识链接

一、百合花

百合花（图2-32）是百合科、百合属植物，有多种颜色，属于野百合的一个变种，含芳香油，可作香料，极具观赏价值，寓意百年好合，是婚礼必不可少的吉祥花卉。

图2-32　百合花形态

二、裱花蛋糕文字的原料与使用方法

1. 裱花蛋糕文字常用原料

裱花蛋糕文字常用原料有奶油、果膏、巧克力、奶油霜、色素等。

2. 奶油文字裱挤技巧

（1）字体粗细分明。

（2）手要稳、掌握好奶油力度。

3. 裱花蛋糕常用的字体

裱花蛋糕常用字体有：华文行楷、隶书、宋体、英文字体、艺术字体等。

4. 裱花蛋糕常用的文字

（1）“寿”　不同字体的“寿”字，见图2-33。

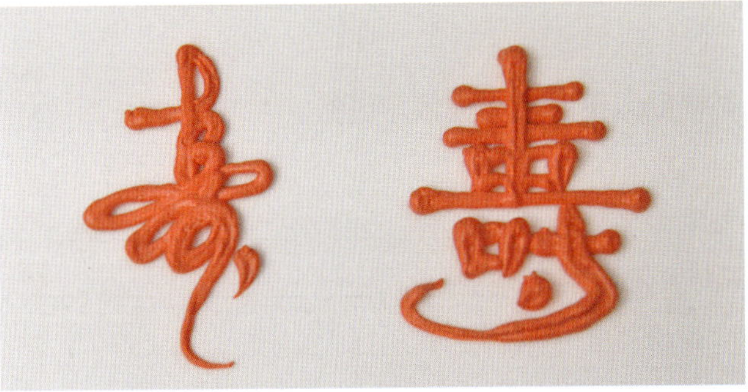

图2-33　不同字体的“寿”

（2）“生日快乐”　“生日快乐”是裱花奶油蛋糕中最为常见的文字之一，见图2-34。

图2-34　不同字体的“生日快乐”

奶油字体裱挤

5. 转印文字及制作方法

（1）奶油霜转印文字　将煮好的糖浆倒入打发好的蛋清中，搅拌至40℃，加入软化的黄油和色素搅拌均匀，在透明胶片之上描写文字，放入冰箱冷冻5~15min。

（2）芝士转印文字　将牛奶、糖煮沸加入泡好的吉利丁，搅拌至溶化，倒入软化的芝士中搅拌均匀，调色装入裱花袋，在透明胶片之上描写文字，放入冰箱冷冻5~15min。

（3）巧克力转印文字　选用代可可脂巧克力，将其熔化加入色淀搅拌均匀，装入裱花袋降温至浓稠状态，在透明胶片之上描出文字，放入冰箱冷藏5~10min，即可使用。

（4）翻糖雕刻文字　翻糖文字是市场流行的一种装饰，将准备好的文字模具放置在翻糖皮上，按轮廓雕刻出文字。

问题探究

查阅相关资料并借助以下题目完成预习任务。

1. 填空题

（1）裱挤蛋糕文字需要________、________、________、________、________材料。

（2）裱花蛋糕装饰常用字体有________、________、________、________、________等。

（3）奶油字体裱挤技巧有________、________、________。

（4）巧克力转印字体需要放________10~15min。

2. 请各小组讨论，并以绘制思维导图的方式梳理制作本任务裱花主题蛋糕的操作流程及要点。

任务准备

按照要求完成“制作百合花主题裱花蛋糕”的工作任务准备。

1. 设备工具

本任务需准备厨师机、叶子花嘴、中号圆锯齿花嘴、直花嘴、裱花棒、剪刀、抹刀等。各个小组长汇总本任务所需要的原料和工具，以班级为单位填写工具原料领用单。

2. 原料准备

本任务原料准备如表2-9所示。

表2-9　制作百合花主题裱花蛋糕原料表

戚风蛋糕坯		蛋糕装饰	
原料	用量	原料	用量
蛋清	5个	红色色素	1瓶
细砂糖A	22g	黄色色素	1瓶
色拉油	40g	紫色色素	1瓶
牛奶	40g	绿色色素	1瓶
细砂糖B	80g	糯米花托	10个

续表

戚风蛋糕坯		蛋糕装饰	
原料	用量	原料	用量
蛋黄	5个	植物奶油	700g
低筋面粉	90g	裱花袋	5个

3. 确定工作方案

以小组讨论的形式制订“制作百合花主题裱花蛋糕”的工作方案（岗位分工、岗位职责、岗位要求），并填写工作方案表。

任务实施

1. 奶油直面抹制

配图	操作方法	操作说明
	将蛋糕坯抹好奶油直面备用	

2. 裱挤奶油花边（豆边+拉弧）

配图	操作方法	操作说明
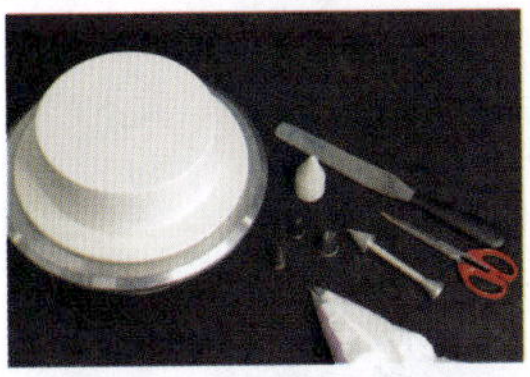	按图所示，准备工具和材料	
	在蛋糕底部边缘的位置裱挤抖弧（毛毛虫），花嘴放于转台9点钟位置，与面的角度为30°~60°，轻挤奶油的同时上下抖动出均匀的纹路作为毛毛虫的“头部”，稍加重力气挤出“身体”，最后利用奶油的延展性来制作毛毛虫的“尾巴”	毛毛虫花边也是“细—粗—细”的变化规律，需要控制挤奶油的力度

配图	操作方法	操作说明
	直花嘴的厚口贴于蛋糕顶面边缘，薄口向下，花嘴从转台的6~9点钟的位置进行裱挤	花嘴打开45°，匀速转动转台，转盘做匀速运动，上下幅度的大小决定了弧的深度，转台的转动速度决定了弧的长度
	手臂做拉手画弧的动作，右手原地前后摆动，左手匀速转动转台，每圈制作6~8个弧度	百合花主题裱花蛋糕花边裱挤

3. 裱挤奶油百合花

配图	操作方法	操作说明
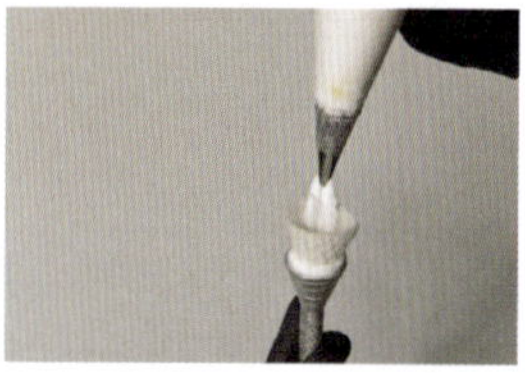	制作第一片花瓣：花嘴贴近糯米花托根部，边挤边往上提，花瓣根部至尖部有粗细变化	根部奶油不宜出量太多，会使花芯失去空间感
	先在花托内均匀裱挤三瓣花瓣，再在两瓣之间挤另三瓣花瓣	花嘴要直拉，若斜拉花形会呈旋转状
	用黄色奶油在花的中心点处细裱，拔出细长的花蕊	花瓣大小一致，花形要圆润，花蕊有粗细的变化
	重复以上操作，将花卉整合成蛋糕成品，并书写“百年好合”等字样	百合花裱挤及摆放

成本核算与流程结束整理

根据实际情况，进行本任务产品的成本核算，并填写成本核算表与流程结束整理清单。

总结与复习

请在完成以下题目的过程中，对本任务进行总结与复习。

1. 填空题

（1）奶油霜制作：将煮好的__________倒入打发好的__________，搅拌至__________，加入__________搅拌均匀并溶化于液体，加入色素搅拌均匀，在透明胶片之上描写字体，放入冰箱__________5~15min。

（2）巧克力转印通常选用__________，隔水熔化的温度是__________，熔化后加入__________调色，装入裱花袋降温至__________状态，在透明胶片上描出字体，放入冰箱__________5~10min，即可使用。

（3）裱挤百合花时，使用__________花嘴，花嘴放在花托________位置______裱挤出花瓣。

（4）裱挤百合花时先在__________"细—粗—细"裱挤出三瓣花瓣，再在________裱挤出其他三瓣花瓣。

2. 选择题

裱挤百合花时，花瓣出现旋转形态是由于（　　）。

A. 奶油出量不均匀　　B. 手指力度不够

C. 花嘴倾斜裱挤　　D. 手指力度过大

评价反馈

百合花主题裱花蛋糕制作综合评价表

学生姓名：______________　组别：______________　日期：______________

评价方式	评价环节	评价项目	评价内容	评价要素	不计分	不及格	及格	良	优
学生自评（10%）	课前评价	基础知识（10分）	自主学习	预习本任务内容，通过网络搜集相关知识材料（10分）	0	—	6.0	8.0	10.0
组间评价（20%）	课中评价	戚风蛋糕坯的制作（5分）	操作过程	正确称配原料；面糊无颗粒、无生粉；烘烤温度和烘烤时间到位；成品色泽金黄，膨胀度较好（5分）	0	1.5	3.0	4.0	5.0
		奶油直面的制作（5分）		坯体表面平整，无明显气泡、纹路；坯体侧边垂直于平面与底部底托（5分）	0	1.5	3.0	4.0	5.0

续表

评价方式	评价环节	评价项目	评价内容	评价要素	不计分	不及格	及格	良	优
组间评价（20%）	课中评价	花边的制作（5分）	操作过程	奶油细腻光滑；花边纹路间隔均匀、流畅；花纹表面无明显裂口、大气泡（5分）	0	1.5	3.0	4.0	5.0
		裱花及产品呈现（5分）		花卉花瓣层次分明，符合花的自然开放规律；花卉的摆放有高低错落之感；装饰色彩搭配和谐（5分）	0	1.5	3.0	4.0	5.0
教师评价（70%）		戚风蛋糕坯的制作（5分）		正确称配原料（1分）	0	0.2	0.5	0.8	1.0
				面糊细腻无颗粒、无生粉（1分）	0	0.2	0.5	0.8	1.0
				成品色泽金黄（1分）	0	0.2	0.5	0.8	1.0
				成品膨胀度较好（1分）	0	0.2	0.5	0.8	1.0
				注意操作卫生与安全（1分）	0	0.2	0.5	0.8	1.0
		奶油直面的制作（15分）		坯体表面平整，无明显气泡、纹路（3分）	0	1.0	1.5	2.0	3.0
				坯体侧边垂直于平面与底部底托（3分）	0	1.0	1.5	2.0	3.0
				正确使用裱花工具（3分）	0	1.0	1.5	2.0	3.0
				勤俭节约，无明显浪费（3分）	0	1.0	1.5	2.0	3.0
				注意操作卫生与安全（3分）	0	1.0	1.5	2.0	3.0
		花边的制作（15分）		奶油打发细腻光滑（3分）	0	1.0	1.5	2.0	3.0
				花边纹路间隔均匀、流畅（3分）	0	1.0	1.5	2.0	3.0
				花纹表面无明显裂口、大气泡（3分）	0	1.0	1.5	2.0	3.0
				花边大小均匀统一（3分）	0	1.0	1.5	2.0	3.0
				注意操作卫生与安全（3分）	0	1.0	1.5	2.0	3.0
		裱花及产品呈现（10分）	产品展示	花卉花瓣层次分明，符合花的自然开放规律（2分）	0	0.5	1.0	1.5	2.0
				花卉的摆放有高低错落之感（2分）	0	0.5	1.0	1.5	2.0
				装饰色彩搭配和谐（3分）	0	1.0	2.0	2.5	3.0
				作品在规定时间内出品展示（3分）	0	1.0	2.0	2.5	3.0

续表

评价方式	评价环节	评价项目	评价内容	评价要素	不计分	不及格	及格	良	优
教师评价（70%）	课中评价	学习能力（10分）	探究归纳	（1）探究错误原因（3分） （2）举一反三，具有知识迁移能力（3分） （3）总结问题的解决办法及重难点（4分）	0	2.0	6.0	8.0	10.0
	课后评价	巩固迁移能力（15分）	总结归纳	能够完成教师布置的作业（15分）	0	4.0	8.0	12.0	15.0
总分									

注：①总分＜60为不及格；60≤总分＜75为及格；75≤总分＜85为良；总分≥85为优。
②每个评分项目里，一旦出现安全问题或不出品皆为0分。

任务八　制作菊花主题裱花蛋糕

学习目标

知识目标

1. 了解裱花蛋糕常用的干果和其他装饰插件制作方法。
2. 掌握花边（绕边、豆边、云边）的制作手法和技巧。

能力目标

1. 能够根据不同蛋糕的主题选取合适的装饰材料。
2. 能正确裱挤出花形饱满、层次分明、花瓣自然的菊花花卉。

素养目标

1. 通过课堂练习，增强对于裱花的热爱，尊敬自己从事的职业，树立追求卓越的职业态度。
2. 了解重阳节赏菊风俗与菊花的文化内涵。

建议学时

12学时

任务描述

农历九月初九重阳节是我国的传统节日，历来就有赏菊花的风俗。本任务要求蛋糕以戚风蛋糕坯为底坯，以菊花作为奶油装饰花卉，并选取相应的花边进行搭配。

分组制作裱花蛋糕，过程严格遵守实训室安全操作守则，正确使用工具和设备，遵守卫生标准流程，团队协作完成。

知识导学

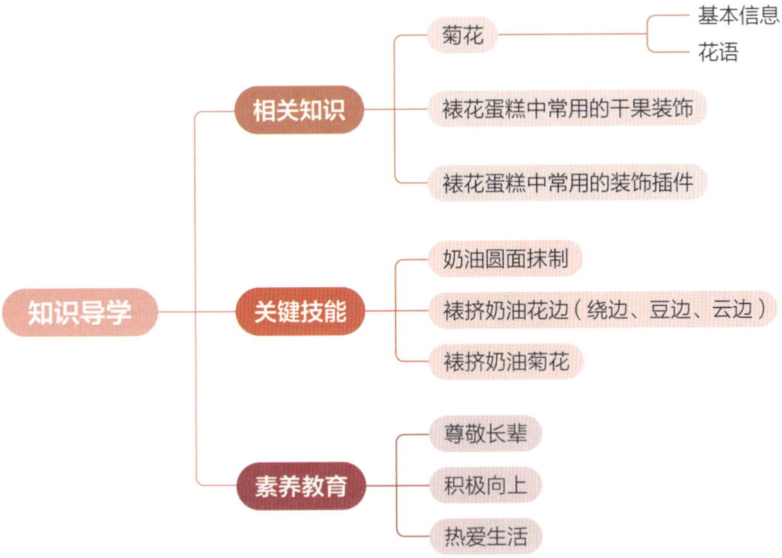

知识链接

一、菊花

菊花（图2-35），为多年生菊科草本植物，是经过人工选择培育出的观赏花卉，可食、可酿、可饮、可入药，菊花寓意高尚的情操和品格，菊花与梅花、兰花、竹子并称为“四君子”。人们在庆祝重阳节时有出游赏景、登高远眺、观赏菊花、插茱萸、吃重阳糕、饮菊花酒等庆祝活动。

图2-35　菊花形态

二、裱花蛋糕中常用的干果装饰

1. 干果片

干果片处理方法：将水果切成薄片后，加入煮沸的糖水中，调小火煮10min关火，用厨房用纸将水分吸干，85℃下烘烤3h。

2. 水晶梨片

选用成熟而质地稍硬的梨，将梨切成厚1~2mm薄片，浸泡在柠檬水中，防止氧化褐变。将草莓、蓝莓、葡萄、金橘、猕猴桃等水果切片，厚度与梨相同，放入煮开的糖水

（糖170g、水100g）中煮1~2min后取出，在硅胶垫上晾干，用梨片为底，在上面叠拼其他水果和花瓣，再压上一层硅胶垫，烤箱中95℃烘烤30min，去掉硅胶垫，调温至80℃再烘烤1～2h，取出待用。

三、裱花蛋糕中常用的装饰插件

1. 巧克力装饰插件

巧克力装饰插件分为模具类和手工类两种，模具类主要有贝壳、叶子、球状等，手工类主要有羽毛、各种几何图形等。模具类插件制作较为简单，将巧克力熔化，降温至浓稠状，倒入硅胶或其他材料模具固定形状，放冰箱冷藏5~10min，取出即可。手工制作巧克力插件需要巧克力铲刀、小抹刀、玻璃纸、刀片、火枪等工具，需要手工涂抹、切割和绘画等。

2. 翻糖装饰插件

翻糖插件在蛋糕装饰上的应用越来越广泛，包括翻糖人偶、翻糖花卉、翻糖植物和食物以及翻糖字体等，如重阳节翻糖装饰插件，见图2-36。制作过程采用捏塑、吊线、模具切割等多种方法，翻糖装饰插件的原料翻糖膏不怕高温但在潮湿环境下会熔化褪色等，因此制作完成的翻糖装饰插件用塑封袋密封保存。

图2-36　翻糖装饰插件

3. 艾素糖装饰插件

艾素糖装饰插件常与新鲜水果、翻糖等搭配使用，晶莹剔透、形象逼真，是一种极具艺术效果的西点装饰品，图2-37为艾素糖制作的花卉。制作过程中先将艾素糖熬至160~170℃，加入色素调色，再用吹、拉、注等手法进行加工成型，糖体在反复拉伸的过程中逐渐展现如绸缎般的金属光泽，制作完成后在干燥环境下可短时间保存。

图2-37　艾素糖装饰插件

问题探究

查阅相关资料并借助以下题目完成预习任务。

1. 填空题

（1）菊花的别名有＿＿＿＿＿、＿＿＿＿＿、＿＿＿＿＿、＿＿＿＿＿、＿＿＿＿＿、＿＿＿＿＿、＿＿＿＿＿。

（2）巧克力插件分为＿＿＿＿＿、＿＿＿＿＿两种类型。

（3）常用的蛋糕插件有＿＿＿＿＿、＿＿＿＿＿、＿＿＿＿＿。

（4）裱挤奶油花边时，花嘴应放于蛋糕坯__________位置制作。

2. 请各小组讨论，并以绘制思维导图的方式梳理制作本任务裱花主题蛋糕的操作流程及要点。

任务准备

按照要求完成“制作菊花主题裱花蛋糕”的工作任务准备。

1. 设备工具

本任务需准备：厨师机、“U”形花嘴、裱花棒、刮片、剪刀、抹刀等。

各个小组长汇总本任务所需要的原料和工具，以班级为单位填写工具原料领用单。

2. 原料准备

本任务需按表2-10准备原料。

表2-10　制作菊花主题裱花蛋糕原料表

海绵蛋糕坯		蛋糕装饰	
原料	用量	原料	用量
鸡蛋	250g	植物奶油	1000g
细砂糖	125g	黄色色素	1瓶
盐	1.5g	绿色色素	1瓶
低筋面粉	100g	紫色色素	1瓶
泡打粉	2g	橙色色素	1瓶
SP蛋糕油	20g	裱花袋	5个
水	20g	糯米花托	2个
色拉油	75g		

3. 确定工作方案

以小组讨论的形式制订“制作菊花主题裱花蛋糕”的工作方案（岗位分工、岗位职责、岗位要求），并填写工作方案表。

任务实施

1. 奶油圆面抹制

配图	操作方法	操作说明
	将蛋糕坯抹好奶油圆面备用	

2. 裱挤奶油花边（绕边、豆边、云边）

配图	操作方法	操作说明
	按配图所示，准备工具和材料	
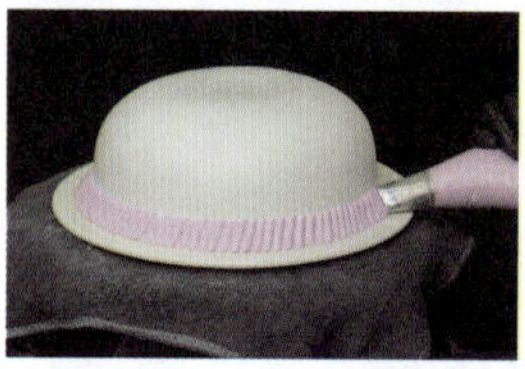	将直花嘴放于蛋糕坯奶油圆面底部6点钟位置，以“绕”的手法在蛋糕底部侧面裱挤出绕边花边	
	放于蛋糕坯奶油圆面6点钟位置，在绕边上方侧挤出一圈豆边	
	将小号圆锯齿花嘴打开45°，从蛋糕坯弧度6点钟位置，顺时针方向裱挤出云边	菊花主题裱花蛋糕花边裱挤

3. 裱挤奶油菊花

配图	操作方法	操作说明
	在糯米花托的圆端内挤入奶油，高度与糯米花托一致	
	“U”形花嘴从糯米花托圆端中心位置，向内弯，拔出花芯	花芯、瓣与瓣之间的间距要紧，否则花芯会露出糯米花托
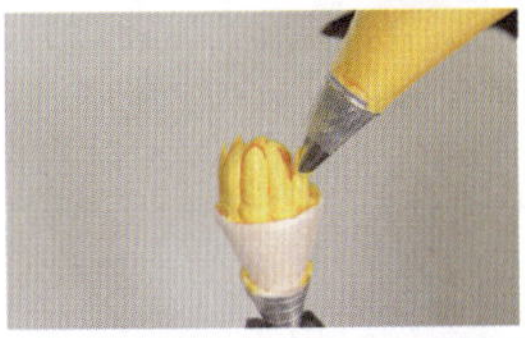	花嘴向外打开10°，贴于花芯根部，向内弯，拔出第二层花瓣，花瓣要略长于花芯	（1）花瓣要微包，不可太长； （2）奶油出量要均匀，否则花瓣粗细、薄厚会不一致，影响下一层制作
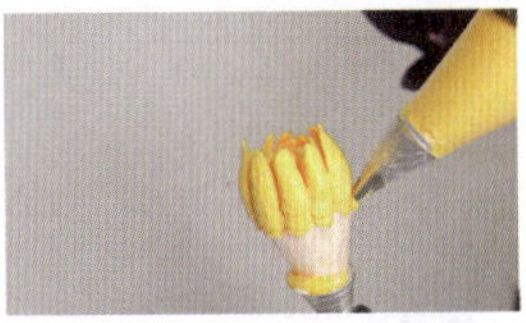	同上方法，将花嘴向外继续打开10°角，向内弯，拔出第三层花瓣	（1）花瓣略长于上层花瓣； （2）花瓣的角度要一致，不要斜拔，否则会使花形旋转，影响美观
	同上方法，将花嘴依次向外打开10°，向内弯，拔出第四层、第五层花瓣	层与层之间的间距不要降得太快，否则会使花太突出没有“包”的感觉
	将花嘴继续向外打开10°，在两片花瓣中间交错向内弯拔出第六层花瓣	外层花瓣略低于上层花瓣
	同上方法，将花嘴继续向外打开10°，从两片花瓣间的交错处，向内弯，拔出第七层、第八层花瓣	（1）花瓣层数没有要求，根据自己需求增加或减少； （2）花瓣过早交错，容易导致花瓣稀少； （3）新一层的花瓣要略低于上层花瓣
	重复以上操作，将花卉整合成蛋糕成品	菊花裱挤及摆放

成本核算与流程结束整理

根据实际情况，进行本任务产品的成本核算，并填写成本核算表与流程结束整理清单。

总结与复习

请在完成以下题目的过程中，对本任务进行总结与复习。

1. 填空题

（1）裱挤豆边选用________花嘴，花嘴向右倾斜________角，动作要领是________。裱挤时花嘴放于蛋糕坯__________位置。

（2）裱挤云边时花嘴角度向右倾斜_____°，位于蛋糕坯面的__________或__________位置。裱挤时花边要有__________变化。

（3）制作菊花是选用__________花嘴，糯米花托内部奶油高度与__________一致。从糯米花托圆端__________位置向__________拔出花芯。

（4）裱挤菊花时，奶油出量不均匀会出现__________、__________影响下层花瓣制作。裱挤花瓣时__________要一致，不要__________，否则会导致花形旋转，影响美观。

2. 选择题

裱花蛋糕常用的插件有（　　）。

A. 巧克力插件　　B. 翻糖插件

C. 艾素糖插件　　D. 奶油插件

评价反馈

制作菊花主题裱花蛋糕专业能力评价表

学生姓名：__________________　组别：__________________　日期：________________

评价方式	评价环节	评价项目	评价内容	评价要素	不计分	不及格	及格	良	优
学生自评（10%）	课前评价	基础知识10分	自主学习	预习本任务内容，通过网络搜集相关知识材料（10分）	0	—	6.0	8.0	10.0

续表

评价方式	评价环节	评价项目	评价内容	评价要素	不计分	不及格	及格	良	优
组间评价（20%）	课中评价	海绵蛋糕坯的制作（5分）	操作过程	正确称配原料；面糊无颗粒、无生粉；烘烤温度和烘烤时间到位；成品色泽金黄，膨胀度较好（5分）	0	1.5	3.0	4.0	5.0
		奶油圆面的制作（5分）		坯体表面平整，无明显气泡、纹路；坯体侧面垂直于转台或金底板（5分）	0	1.5	3.0	4.0	5.0
		花边的制作（5分）		奶油细腻光滑；花边纹路间隔均匀、流畅；花纹表面无明显裂口、大气泡（5分）	0	1.5	3.0	4.0	5.0
		裱花及产品呈现（5分）		花卉花瓣层次分明，符合花的自然开放规律；花卉的摆放有高低错落之感；装饰色彩搭配和谐（5分）	0	1.5	3.0	4.0	5.0
教师评价（70%）		海绵蛋糕坯的制作（5分）		正确称配原料（1分）	0	0.2	0.5	0.8	1.0
				面糊细腻无颗粒、无生粉（1分）	0	0.2	0.5	0.8	1.0
				成品色泽金黄（1分）	0	0.2	0.5	0.8	1.0
				成品膨胀度较好（1分）	0	0.2	0.5	0.8	1.0
				注意操作卫生与安全（1分）	0	0.2	0.5	0.8	1.0
		奶油圆面的制作（15分）		坯体表面平整，无明显气泡、纹路（3分）	0	1.0	1.5	2.0	3.0
				坯体侧面垂直于转台或金底板（3分）	0	1.0	1.5	2.0	3.0
				正确使用裱花工具（3分）	0	1.0	1.5	2.0	3.0
				勤俭节约，无明显浪费（3分）	0	1.0	1.5	2.0	3.0
				注意操作卫生与安全（3分）	0	1.0	1.5	2.0	3.0
		花边的制作（15分）		奶油打发细腻光滑（3分）	0	1.0	1.5	2.0	3.0
				花边纹路间隔均匀、流畅（3分）	0	1.0	1.5	2.0	3.0
				花纹表面无明显裂口、大气泡（3分）	0	1.0	1.5	2.0	3.0
				花边大小均匀统一（3分）	0	1.0	1.5	2.0	3.0
				注意操作卫生与安全（3分）	0	1.0	1.5	2.0	3.0

续表

评价方式	评价环节	评价项目	评价内容	评价要素	不计分	不及格	及格	良	优
教师评价（70%）	课中评价	裱花及产品呈现（10分）	产品展示	花卉花瓣层次分明，符合花的自然开放规律（2分）	0	0.5	1.0	1.5	2.0
				花卉的摆放有高低错落之感（2分）	0	0.5	1.0	1.5	2.0
				装饰色彩搭配和谐（3分）	0	1.0	2.0	2.5	3.0
				作品在规定时间内出品展示（3分）	0	1.0	2.0	2.5	3.0
		学习能力（10分）	探究归纳	（1）探究错误原因（3分） （2）举一反三，具有知识迁移能力（3分） （3）总结问题的解决办法及重难点（4分）	0	2.0	6.0	8.0	10.0
	课后评价	巩固迁移能力（15分）	总结归纳	能够完成教师布置的作业（15分）	0	4.0	8.0	12.0	15.0
总分									

注：①总分＜60为不及格；60≤总分＜75为及格；75≤总分＜85为良；总分≥85为优。
②每个评分项目里，一旦出现安全问题、不出品皆为0分。

项目三

制作卡通生肖主题裱花蛋糕

任务一　制作卡通鼠主题裱花蛋糕

学习目标

知识目标	1. 了解巧克力拉线膏的制作方法。 2. 掌握在裱花蛋糕中巧克力拉线膏的使用方法。 3. 阐述裱花蛋糕中巧克力拉线膏与果膏的不同点。
能力目标	1. 能按照操作流程，准确控制植物奶油打发程度，正确打发植物奶油。 2. 能够按照操作步骤，遵循卡通鼠正确头身比例，裱挤卡通鼠。 3. 严格遵守实训室现场7S管理规范，正确使用工具和设备，并进行产品制作。
素养目标	1. 通过课后练习完善制作手法，培养精益求精的工匠精神。 2. 通过小组合作，锻炼团队协作能力，与他人产生共鸣，并在过程中学会理解和倾听。

建议学时

12学时

任务描述

卡通生肖主题裱花蛋糕是奶油裱花蛋糕的一个品类，主要特点是用奶油裱挤出卡通动物造型装饰蛋糕。鼠是十二生肖中排名第一的动物，象征着灵性与顽强的生命力，本任务以卡通生肖“鼠”为主题进行奶油裱花创作。

可分成4人一组进行本任务的制作，过程严格遵守实训室安全操作守则，正确使用工具和设备，遵守卫生标准流程，团队协作完成。

知识导学

- 知识导学
  - 相关知识
    - 卡通鼠的相关知识
      - 基本信息
      - 形态特征
    - 奶油卡通动物制作基础
      - 制作奶油卡通动物中奶油的打发
      - 裱挤基础圆球的制作
    - 巧克力拉线膏
      - 自制巧克力拉线膏的配方与制作步骤
      - 巧克力拉线膏与果膏的区别
  - 关键技能
    - 奶油直面的制作
    - 贝壳花边的制作
    - 奶油卡通鼠的制作
  - 素养教育
    - 工匠精神
    - 团队协作

知识链接

一、卡通鼠的形态特征

卡通鼠的形象主要体现出：可爱、俏皮的关键特点，因此一般体型偏胖和圆。卡通鼠形象设计主要采用圆形构图：圆肚子、圆耳朵、圆眼睛，搭配细长的尾巴，具体见图3-1。

图3-1 卡通鼠形态

二、奶油卡通动物制作基础

1. 奶油的打发

制作卡通动物造型需要奶油具有一定的硬度，所需要的奶油状态为中性发泡状态。

首先快速搅拌，将奶油打到中性发泡前的状态时有纹路清晰的波浪花纹且光泽度较强，见图3-2。奶油打发即将完成时，在慢速搅拌下奶油呈团状包裹在搅拌球上，奶油中性发泡状态见图3-3。

判断奶油中性发泡状态的方法：将抹刀压入奶油中深约2cm处，挑起奶油呈尖锋直立状，细腻有光泽，见图3-4。

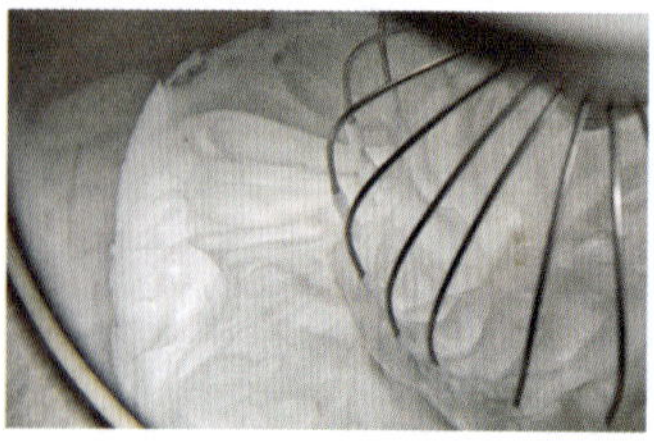

图3-2 奶油中性发泡前的状态

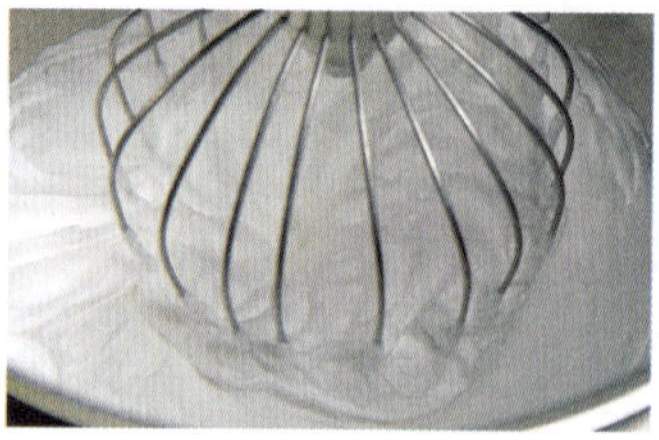

图3-3 奶油中性发泡的状态

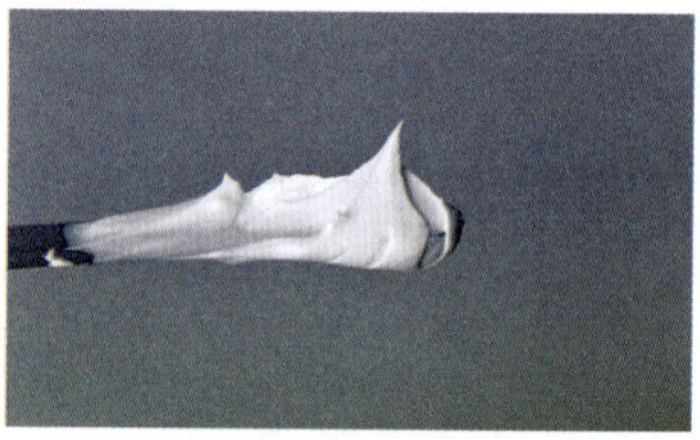

图3-4 奶油呈尖峰直立状

2. 基础圆球的制作

初学裱挤奶油卡通动物时，需从挤圆球开始练习，不同的倾斜角度所挤出的球体是变化的。需要将裱花嘴稍插入奶油中才能挤出饱满规正的圆球，收尾时注意力度和速度，不要带出奶油尖，挤球的角度如图3-5所示。

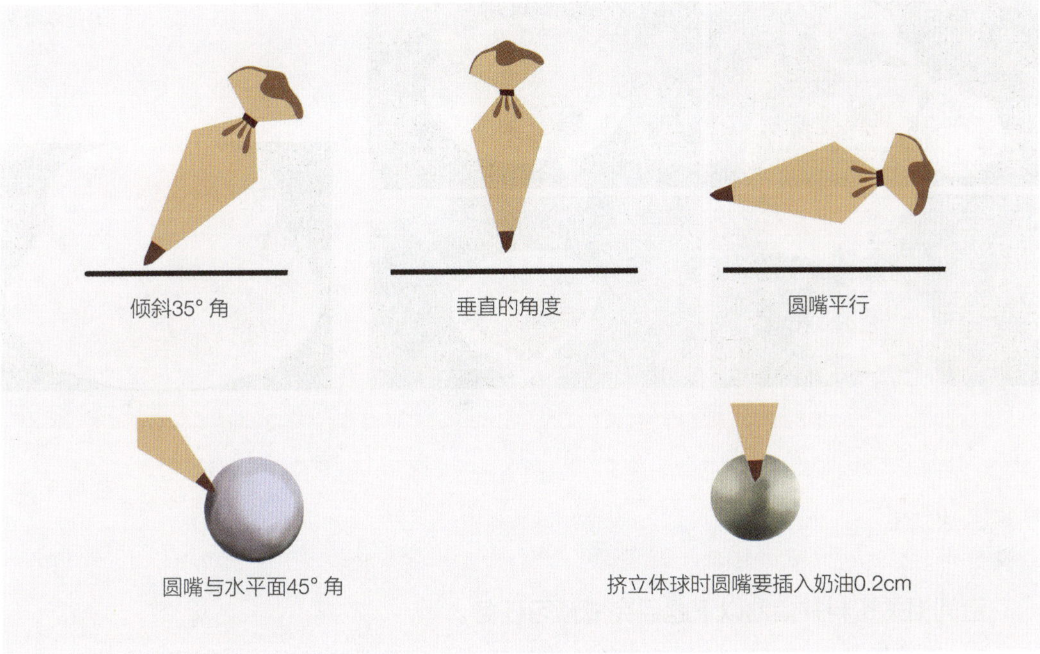

图3-5　基础圆球的裱挤

三、巧克力拉线膏

巧克力拉线膏在裱花蛋糕中专用于制作精致的动物、卡通、花卉、人物等外表轮廓，细线条的装饰能刻画出动物、卡通、花卉、人物的表情、神态，使形象更加逼真。

1. 自制巧克力拉线膏的配方与制作步骤

按表3-1准备材料备用，将黑巧克力（代可可脂）切碎，隔水熔化至无颗粒状。倒入淡奶油搅拌均匀，再加入过筛的可可粉，拌匀至细腻光滑无颗粒状，见图3-6。

表3-1　巧克力拉线膏配方

材料	用量
黑巧克力（代可可脂）	25g
可可粉	10g
淡奶油	30g

2. 巧克力拉线膏与果膏的区别

巧克力拉线膏用玻璃纸或裱花袋包裹好，用于蛋糕上的文字书写、围边吊线、生肖动物勾勒五官等，而果膏质地较稀，透明有光泽，常用于蛋糕淋面，图3-7是陶艺蛋糕中利用果膏淋面装饰。

卷制细裱巧克力拉线膏

图3-6 自制巧克力拉线膏

图3-7 果膏淋面

问题探究

查阅相关资料并借助以下题目完成预习任务。

1. 请根据视频资源绘制出卡通鼠的结构草图，注意卡通鼠的五官比例。

2. 请各小组结合本任务内容进行讨论，并以绘制思维导图的方式梳理制作卡通鼠主题裱花蛋糕的操作流程及要点。

3. 填空题

通常情况下，制作卡通动物造型所需的奶油为__________，打发到位的奶油用刮刀挑起呈__________状，光泽度__________，气孔__________。

4. 判断题

打蛋清时，使用酸性材料，可使泡沫更有韧性，气泡更密细。(　　)

5. 选择题

糖的用量为奶油的1/3，即奶油为100%，糖为（　　）。

A. 约33%　　B. 约75%　　C. 约30%　　D. 约67%

任务准备

按照要求完成“制作卡通鼠主题裱花蛋糕”的工作任务准备。

1. 设备工具

本任务需准备厨师机、圆花嘴、圆锯齿花嘴、抹刀、剪刀等。

各个小组长汇总本任务所需要的原料和工具，以班级为单位填写工具原料领用单。

2. 原料准备

本任务的原料准备如表3-2所示。

表3-2　卡通鼠主题裱花蛋糕原料表

戚风蛋糕坯		蛋糕装饰	
原料	用量	原料	用量
蛋清	5个	植物奶油	1kg
细砂糖A	22g	黄色色素	1瓶
色拉油	40g	绿色色素	1瓶
牛奶	40g	粉色色素	1瓶
细砂糖B	80g	橙色色素	1瓶
蛋黄	5个	巧克力拉线膏	50g
低筋面粉	90g	裱花袋	5个

注：由于植物奶油塑性强、稳定性高，适合初学者使用，故在本任务中选用植物奶油进行操作。

3. 确定工作方案

以小组讨论的形式制订“制作卡通鼠主题裱花蛋糕”的工作方案（岗位分工、岗位职责、岗位要求），并填写工作方案表。

任务实施

1. 奶油直面抹制

配图	操作方法	操作说明
	将蛋糕坯抹好奶油直面备用	

2. 花边的制作

配图	操作方法	操作说明
	按配图所示，准备工具和材料	
	在蛋糕底部裱挤一圈贝壳花边	
	在蛋糕侧边裱挤一圈绕边	
	在绕边上方，使用圆花嘴裱挤一圈大小均匀的小圆球，并在接口处裱挤心形装饰	
	在蛋糕顶部边缘，交错裱挤一圈贝壳花边	卡通鼠主题裱花蛋糕花边裱挤

3. 奶油卡通鼠的制作

配图	操作方法	操作说明
	圆花嘴略向前倾斜，在距离蛋糕0.5cm左右处，挤出略大的圆球作为身体和肚子部分，再垂直向上拉出脖颈	身体圆球整体呈圆锥形
	圆花嘴倾斜 45°，在身体左侧1/3处由上至下，由细至粗，拉出上肢，动态可随意但要保持自然	

配图	操作方法	操作说明
	将奶油装入裱花袋中，在身体底部由“细—粗—细”的顺序裱挤出鞋子，姿势呈“外八”状，尾端向上微微翘起	裱花袋剪口要小，更易控制奶油流量
	将圆花嘴垂直插入颈部挤出一个水滴体作为头部，大小约为身体的 1/2	需要注意头与身体的比例，重心不稳会导致身体倾斜或倒塌
	从头部圆球中间1/2偏下的位置，将圆花嘴插入，由粗到细挤出鼻子，鼻子略尖，并向上翘起	
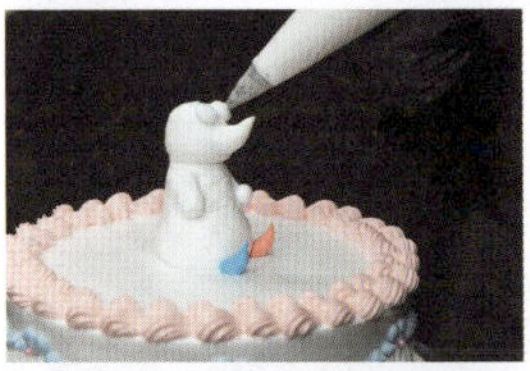	使用圆花嘴，在鼻子上方裱挤出两个小而扁的圆球作为眼睛	
	使用圆花嘴在头部上方两侧挤出基础圆球作为耳朵，再用细裱以绕圈的方式描绘耳朵的轮廓，耳朵呈略扁的扇形	耳朵位于头部圆球偏后的位置，保持两只耳朵在同一条直线上
	用奶油在身体后方画出“S”形的尾巴	
	使用巧克力拉线膏绘制出卡通鼠的五官	（1）巧克力拉线膏使用前，要注意测试其质地是否细腻，线条是否流畅； （2）绘制表情时，线条有粗细、深浅变化，要注意练习控制手的稳定性

配图	操作方法	操作说明
	在鼠的头部制作出一顶可爱的帽子，并在蛋糕表面加入装饰	卡通鼠制作
	蛋糕成品	

成本核算与流程结束整理

根据实际情况，进行本任务产品的成本核算，并填写成本核算表与流程结束整理清单。

总结与复习

请在完成以下题目的过程中对本任务进行总结与复习。

1. 将下列选项中巧克力拉线膏与果膏的特点一一对应填到相对应的圆圈中。

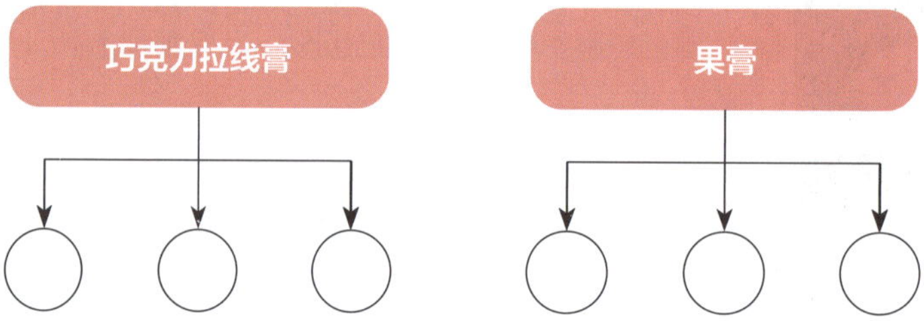

①膏体质地较稀　　②膏体质地较稠　　③有光泽度

④多用于淋面　　⑤多用于吊线　　⑥可用来写字，画五官

2. 判断题

烘烤中的蛋糕，若以手轻按表面，有弹性，即表示已烤熟，可出炉。(　　)

3. 填空题

在裱挤卡通鼠时，需要注意__________的比例，比例不协调会导致身体或__________，耳朵位于头部圆球__________，保持两只耳朵在__________上。

4. 卡通鼠的五官有哪些制作要点？如何防止裱挤出的卡通鼠面部表情呆板？

5. 请简要分析奶油裱挤卡通鼠时出现倒塌的情况是由于什么原因造成的。

评价反馈

制作卡通鼠主题裱花蛋糕专业能力评价表

学生姓名：________ 组别：________ 日期：________

评价方式	评价环节	评价项目	评价内容	评价要素	不计分	不及格	及格	良	优
学生自评（10%）	课前评价	基础知识（10分）	自主学习	预习本任务内容，通过网络搜集相关知识材料（10分）	0	—	6.0	8.0	10.0
组间评价（20%）	课中评价	戚风蛋糕坯的制作（5分）	操作过程	正确称配原料；面糊无颗粒、无生粉；烘烤温度和烘烤时间准确；成品色泽金黄，膨胀度较好（5分）	0	1.5	3.0	4.0	5.0
		奶油直面的制作（5分）		坯体表面平整，无明显气泡、纹路；坯体侧面垂直于转台或金底板上（5分）	0	1.5	3.0	4.0	5.0
		花边的制作（5分）		奶油细腻有光泽；花边纹路间隔均匀、流畅；表面无明显裂口和气泡（5分）	0	1.5	3.0	4.0	5.0
		卡通鼠的制作（5分）		身体和五官比例得当；五官位置正确，表情生动精致（5分）	0	1.5	3.0	4.0	5.0
教师评价（70%）		戚风蛋糕坯的制作（5分）		正确称配原料（1分）	0	0.2	0.5	0.8	1.0
				面糊细腻无颗粒、无生粉（1分）	0	0.2	0.5	0.8	1.0
				成品色泽金黄（1分）	0	0.2	0.5	0.8	1.0
				成品膨胀度较好（1分）	0	0.2	0.5	0.8	1.0
				注意操作卫生与安全（1分）	0	0.2	0.5	0.8	1.0

续表

评价方式	评价环节	评价项目	评价内容	评价要素	不计分	不及格	及格	良	优
教师评价（70%）	课中评价	奶油直面的制作（15分）	操作过程	坯体表面平整，无明显气泡、纹路（3分）	0	1.0	1.5	2.0	3.0
				坯体侧面垂直于转台或金底板上（3分）	0	1.0	1.5	2.0	3.0
				正确使用裱花工具（3分）	0	1.0	1.5	2.0	3.0
				勤俭节约，无明显浪费（3分）	0	1.0	1.5	2.0	3.0
				注意操作卫生与安全（3分）	0	1.0	1.5	2.0	3.0
		花边的制作（15分）		奶油打发细腻光滑（3分）	0	1.0	1.5	2.0	3.0
				花边纹路间隔均匀、流畅（3分）	0	1.0	1.5	2.0	3.0
				花纹表面无明显裂口、大气泡（3分）	0	1.0	1.5	2.0	3.0
				花边大小均匀统一（3分）	0	1.0	1.5	2.0	3.0
				注意操作卫生与安全（3分）	0	1.0	1.5	2.0	3.0
		卡通鼠的制作（10分）	产品展示	造型身体比例正确（2分）	0	0.5	1.0	1.5	2.0
				造型五官位置正确，表情绘画精致（2分）	0	0.5	1.0	1.5	2.0
				装饰色彩搭配和谐（3分）	0	1.0	2.0	2.5	3.0
				作品在规定时间内出品展示（3分）	0	1.0	2.0	2.5	3.0
		学习能力（10分）	探究归纳	（1）探究错误原因（3分） （2）举一反三，具有知识迁移能力（3分） （3）总结问题的解决办法及重难点（4分）	0	2.0	6.0	8.0	10.0
	课后评价	巩固迁移能力（15分）	总结归纳	能够完成教师布置的作业（15分）	0	4.0	8.0	12.0	15.0
总分									

注：①总分＜60为不及格；60≤总分＜75为及格；75≤总分＜85为良；总分≥85为优。
②每个评分项目里，一旦出现安全问题、不出品皆为0分。

拓展与提高

请观看视频，学习奶油仿真鼠的制作方法。

裱挤奶油仿真鼠

任务二 制作卡通牛主题裱花蛋糕

学习目标

知识目标

1. 掌握手绘生肖“牛”简笔画的基本步骤和方法。
2. 掌握双色奶油围边的制作方法和技巧。

能力目标

1. 能够根据手绘卡通的基本方法绘制卡通动物。
2. 能够掌握卡通牛的结构特点，按照操作步骤，裱挤卡通牛。
3. 能够根据评价标准，对自己作品及他人作品进行合理评价。

素养目标

1. 通过课后练习完善制作手法，巩固专业知识、不断超越自我。
2. 在自主学习的过程中，寻找解决问题的途径，锻炼判断能力和批判性思维能力。

建议学时

12学时

任务描述

中国人对牛感情很深，认为牛有着憨厚勤劳、任劳任怨、不求回报等优秀品质。本任务以踏实耕耘者“牛”为主题制作卡通裱花生肖蛋糕。

分组进行裱花蛋糕制作，过程严格遵守实训室安全操作守则，正确使用工具和设备，遵守卫生标准流程，团队协作完成。

知识导学

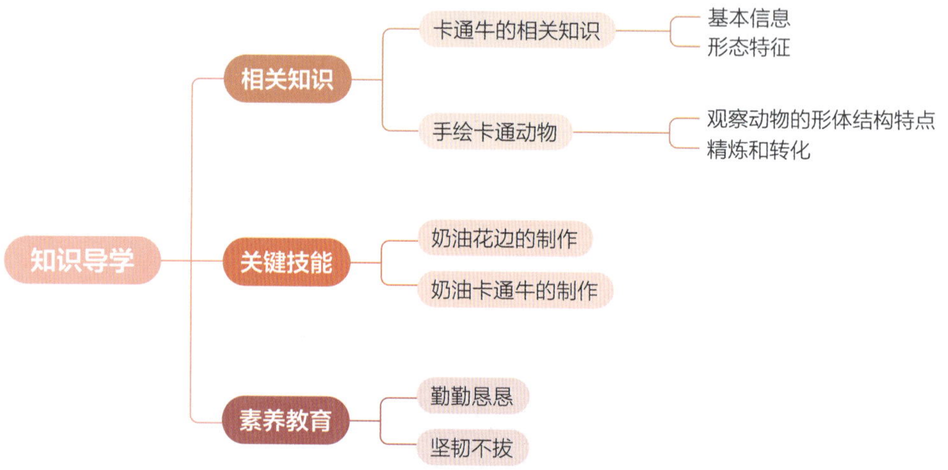

知识链接

一、卡通牛的形态特征

卡通形象为凸显可爱，一般设计得较胖，卡通牛眼睛大、鼻孔大，区别于其他动物最主要特征是一对牛角。先绘制简笔画如图3-8所示，再根据实际情况对卡通牛形象进行转化，在奶油裱挤中无其他材料支撑，因此常把卡通形象中四肢站立的动物，转化为坐姿。

图3-8　卡通牛简笔画

二、手绘卡通动物

1. 观察动物的形体结构特点

动物的肢体特征区别主要在头、颈、四肢与尾四个部分。抓住形态特征强的部分，圆的画得更圆，方的画得更方，姿势主要有：站、卧、坐等。简笔画中常将动物形象拟人化，因此面部需从耳、眼、鼻、口、角等部分进行观察，抓住特点、夸张神态。

2. 精炼和转化

对卡通形象要进行修整，重要的、独特的部分要突出，次要的、实现不了的部分要省略，根据材料的特征，调整卡通形象的姿势。

问题探究

查阅相关资料并借助以下题目完成预习任务。

1. 简述牛在中国传统文化中象征什么。

2. 请各小组结合本任务内容进行讨论，并以绘制思维导图的方式梳理制作卡通牛主题裱花蛋糕的操作流程及要点。

3. 填空题

（1）面粉是保持产品__________的基本原料，构成产品的__________和__________。

（2）手绘卡通动物时候，观察动物的特征区别主要在__________、__________、__________与__________这四个部分。

4. 请发挥想象力，将以下四个圆形画成不同的卡通图案。

任务准备

按照要求完成“制作卡通牛主题裱花蛋糕”的工作任务准备。

1. 设备工具

本任务需要厨师机、圆花嘴、中号圆锯齿花嘴、抹刀、剪刀等。

各个小组长汇总本任务所需要的原料和工具，以班级为单位填写工具原料领用单。

2. 原料准备

本任务需按表3-3所示准备原料。

表3-3　卡通牛主题裱花蛋糕原料表

海绵蛋糕坯		蛋糕装饰	
原料	用量	原料	用量
鸡蛋	250g	植物奶油	1000g

续表

海绵蛋糕坯		蛋糕装饰	
原料	用量	原料	用量
细砂糖	125g	咖啡色色素	1瓶
低筋面粉	100g	绿色色素	1瓶
泡打粉	2g	蓝色色素	1瓶
盐	1.5g	巧克力拉线膏	50g
水	20g	裱花袋	5个
色拉油	75g		
SP蛋糕油	20g		

注：由于植物奶油塑性强、稳定性高，适合初学者使用，故在本任务中选用植物奶油进行操作。

3. 确定工作方案

以小组讨论的形式制订“制作卡通牛主题裱花蛋糕”的工作方案（岗位分工、岗位职责、岗位要求），并填写工作方案表。

任务实施

1. 奶油直面抹制

配图	操作方法	操作说明
	将蛋糕坯抹好奶油直面备用	

2. 奶油花边的制作

配图	操作方法	操作说明
	按配图所示，准备工具和材料	

配图	操作方法	操作说明
	在蛋糕底边裱挤三圈绿色奶油，并用抹刀抹平	卡通牛主题裱花蛋糕奶油直面制作
	在蛋糕侧边、顶面，用不同颜色奶油制作出不规则的云彩形状，并使用小刮片将纹路刮平	
	花边效果如图	卡通牛主题裱花蛋糕花边裱挤

3. 奶油卡通牛的制作

配图	操作方法	操作说明
	将中号圆花嘴垂直于蛋糕面，挤出圆锥形身体	
	将圆花嘴倾斜45°插入圆锥形身体底部，由粗至细拉出牛脚	
	将花嘴倾斜45°，插入身体上方1/3处，拉出膀臂	
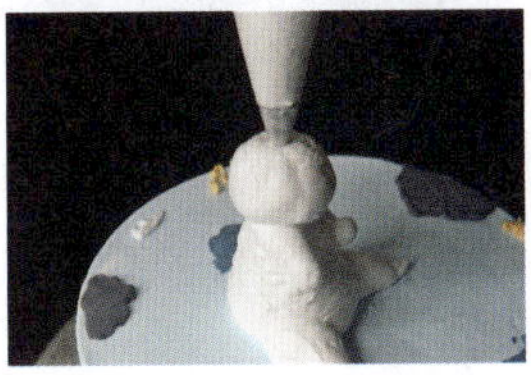	将花嘴垂直插入脖颈，向上裱挤出头部圆球	

配图	操作方法	操作说明
	将圆花嘴垂直插入头部圆球中心位置，左右移动裱挤出鼻子	
	将圆花嘴贴于鼻子上方中心位置，裱挤出圆形眼睛	
	将奶油装入裱花袋中，插入头部圆球两侧中心位置，由粗至细拔出耳朵，并描绘出叶形轮廓	
	在鼻子中间偏下部分裱挤出嘴巴	
	将棕色奶油装入裱花袋中，插入牛耳朵正上方，由粗至细往上弯拔出牛角，并裱挤出牛蹄	裱花袋剪口要小，更易控制奶油流量
	用黑色线膏描绘出牛的五官表情	
	将小号圆花嘴插入身体背部裱挤出“S”形的尾巴	
	修饰细节，整合成品	卡通牛制作

成本核算与流程结束整理

根据实际情况，进行本任务产品的成本核算，并填写成本核算表与流程结束整理清单。

总结与复习

请在完成以下题目的过程中对本任务进行总结与复习。

1. 判断题

蛋糕配方中加入一定量的酒精，是为了起到防止蛋糕氧化酸败的作用。(　　)

2. 选择题

用糖粉制作装饰时，如想加入红色色素，可（　　）拌匀即可。

A. 将红色色素直接加入糖粉　　B. 用少许清水化开加入

C. 用蛋清稀释化开加入　　D. 用热水化开加入

3. 填空题

（1）请将括号中的内容补充完整。

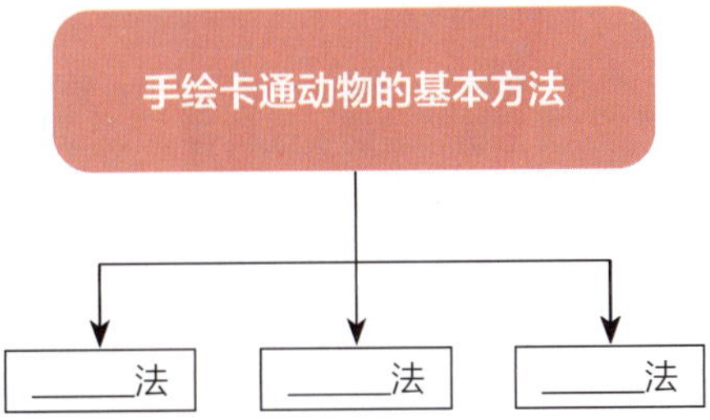

（2）制作奶油围边时，应在蛋糕__________位置挤上__________高的带颜色的奶油。再将抹刀放于蛋糕坯__________位置并翘起__________角，左手匀速__________转动转台，将侧面抹光滑。

4. 在裱挤卡通牛时，牛的耳朵应该在头部的什么位置？裱挤牛鼻子的时候花嘴角度是多少？

评价反馈

制作卡通牛主题裱花蛋糕专业能力评价表

学生姓名：__________　组别：__________　日期：__________

评价方式	评价环节	评价项目	评价内容	评价要素	不计分	不及格	及格	良	优
学生自评（10%）	课前评价	基础知识（10分）	自主学习	预习本任务内容，通过网络搜集相关知识材料（10分）	0	—	6.0	8.0	10.0
组间评价（20%）	课中评价	海绵蛋糕坯的制作（5分）	操作过程	正确称配原料；面糊无颗粒、无生粉；烘烤温度和烘烤时间准确；成品色泽金黄，膨胀度较好（5分）	0	1.5	3.0	4.0	5.0
		奶油直面的制作（5分）		坯体表面平整，无明显气泡、纹路；坯体侧面垂直于转台或金底板上（5分）	0	1.5	3.0	4.0	5.0
		花边的制作（5分）		奶油细腻有光泽；花边纹路间隔均匀、流畅；表面无明显裂口和气泡（5分）	0	1.5	3.0	4.0	5.0
		卡通牛的制作（5分）		身体和五官比例得当；五官位置正确，表情生动精致（5分）	0	1.5	3.0	4.0	5.0
教师评价（70%）		海绵蛋糕坯的制作（5分）		正确称配原料（1分）	0	0.2	0.5	0.8	1.0
				面糊细腻无颗粒、无生粉（1分）	0	0.2	0.5	0.8	1.0
				成品色泽金黄（1分）	0	0.2	0.5	0.8	1.0
				成品膨胀度较好（1分）	0	0.2	0.5	0.8	1.0
				注意操作卫生与安全（1分）	0	0.2	0.5	0.8	1.0
		奶油直面的制作（15分）		坯体表面平整，无明显气泡、纹路（3分）	0	1.0	1.5	2.0	3.0
				坯体侧面垂直于转台或金底板上（3分）	0	1.0	1.5	2.0	3.0
				正确使用裱花工具（3分）	0	1.0	1.5	2.0	3.0
				勤俭节约，无明显浪费（3分）	0	1.0	1.5	2.0	3.0
				注意操作卫生与安全（3分）	0	1.0	1.5	2.0	3.0

续表

评价方式	评价环节	评价项目	评价内容	评价要素	不计分	不及格	及格	良	优
教师评价（70%）	课中评价	花边的制作（15分）	操作过程	奶油打发细腻光滑（3分）	0	1.0	1.5	2.0	3.0
				花边纹路间隔均匀、流畅（3分）	0	1.0	1.5	2.0	3.0
				花纹表面无明显裂口、大气泡（3分）	0	1.0	1.5	2.0	3.0
				花边大小均匀统一（3分）	0	1.0	1.5	2.0	3.0
				注意操作卫生与安全（3分）	0	1.0	1.5	2.0	3.0
		卡通牛的制作（10分）	产品展示	造型身体比例正确（2分）	0	0.5	1.0	1.5	2.0
				造型五官位置正确，表情绘画精致（2分）	0	0.5	1.0	1.5	2.0
				装饰色彩搭配和谐（3分）	0	1.0	2.0	2.5	3.0
				作品在规定时间内出品展示（3分）	0	1.0	2.0	2.5	3.0
		学习能力（10分）	探究归纳	（1）探究错误原因（3分） （2）举一反三，具有知识迁移能力（3分） （3）总结问题的解决办法及重难点（4分）	0	2.0	6.0	8.0	10.0
	课后评价	巩固迁移能力（15分）	总结归纳	能够完成教师布置的作业（15分）	0	4.0	8.0	12.0	15.0
总分									

注：①总分<60为不及格；60≤总分<75为及格；75≤总分<85为良；总分≥85为优。
②每个评分项目里，一旦出现安全问题或不出品皆为0分。

拓展与提高

请观看视频，学习奶油仿真牛的制作方法。

裱挤奶油仿真牛

任务三　制作卡通兔主题裱花蛋糕

学习目标

知识目标

1. 了解蛋糕设计和布局的方式。
2. 阐述蛋糕款式的基本分类。

能力目标

1. 能够设计蛋糕造型的主题、主导色彩和色调，并选定适宜的原料进行创作。
2. 观察卡通兔的形态特征，裱挤奶油卡通兔造型，能够突出兔的特点。
3. 能够遵照安全、卫生标准流程，在规定时间内独立完成“卡通兔主题裱花蛋糕”的制作。

素养目标

1. 培养吃苦耐劳的劳动精神，树立正确的劳动价值观。
2. 在小组合作的过程中，锻炼逻辑思维能力和表达沟通能力。

建议学时

12学时

任务描述

生肖蛋糕通常是长辈送给小朋友的一种生日纪念蛋糕。兔在十二生肖中，排行第四，本任务以生肖“兔”为主题进行奶油裱花蛋糕的制作。

本任务请分组进行，过程严格遵守实训室安全操作守则，正确使用工具和设备，遵守卫生标准流程，团队协作完成。

知识导学

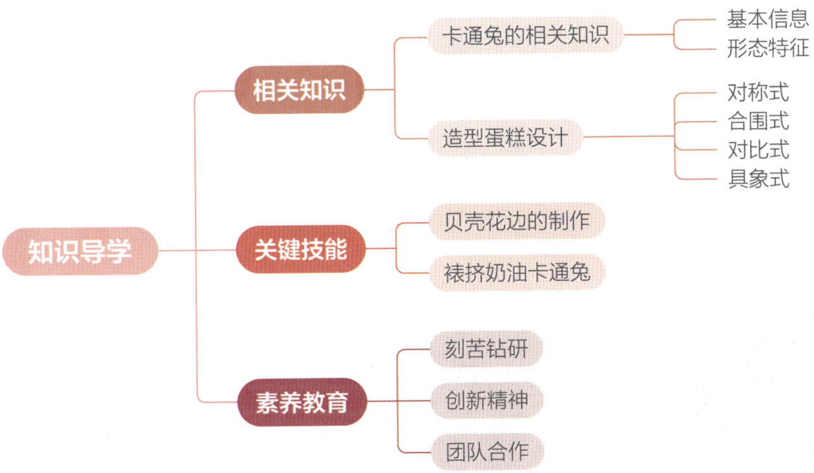

知识链接

一、卡通兔的形态特征

“兔”在中国传统文化中是吉祥、可爱的形象，兔子的卡通形象通常带有拟人化的表现手法，让它们拥有像人一样的表情和动作，更加凸显出可爱、有趣的特征。在整体形象设计时突出兔子圆胖身材、短尾巴、长耳朵、三瓣嘴等外形特征，并赋予一定的动态和表情，如图3-9所示。

图3-9　卡通兔造型

二、造型蛋糕设计

造型蛋糕设计是蛋糕装饰的艺术创作过程，主要内容包括造型艺术的主题、色彩、结构等，是创作者艺术水平和审美能力的综合体现。

蛋糕的设计的第一步是确定主题，根据主题寻找素材，激发灵感。

第二步是确立表现主题的形式，包括蛋糕整体的结构和布局，以及挤、抹、绘、喷、淋、雕等技术手法的选择和运用等。

外形布局应讲求曲直对比、方圆结合、开合变化的统一关系。布局可分为四个方式：对称式、合围式、对比式、具象式。

（1）对称式　对称式是蛋糕装饰中最基本的方式，形成的图案和结构整齐和谐，有秩序感，见图3-10。

图3-10　对称式蛋糕造型

（2）合围式　合围式运用于水果蛋糕上，丰富饱满、凝聚力强、注意要具有层次感和结构关系，见图3-11。

（3）对比式　对比式多运用颜色、大小之间的对比关系，使主题更加突出，也可运用错落有致的结构层次，增加立体感和层次性，见图3-12。

（4）具象式　具象式是将蛋糕造型设计成生活中的具体事物，也是市场上深受年轻消费者青睐的创意蛋糕，可以达到以假乱真的效果，颇具趣味，如包包、汽车、鞋子、花篮等样式的造型蛋糕，图3-13即为花篮样式造型蛋糕。

图3-11　合围式蛋糕造型

图3-12　对比式蛋糕造型

图3-13　具象式蛋糕造型

第三步是调整配色和细节装饰件，需要掌握色彩搭配知识并具备艺术鉴赏水平。

问题探究

查阅相关资料并借助以下题目完成预习任务。

1. 请根据图片和视频资料，绘制卡通兔的结构草图。

2. 请各小组结合本任务内容进行讨论，并以绘制思维导图的方式梳理制作卡通兔主题裱花蛋糕的操作流程及要点。

3. 填空题

挤、喷、抹、画、雕、涂、淋等是__________，陶艺、传统、__________、卡通是__________。

4. 判断题

蛋糕的外形布局应讲求曲直对比、方圆结合、虚实相生以及开合变化的统一关

系。一款蛋糕无论描绘的东西有多少，都要经过制作者精心设计，形成一个组合关系。(　　)

5. 选择题

以下哪个选项不属于蛋糕款式的制作类型？(　　)

A. 祝福　B. 卡通　C. 仿真　D. 花卉

任务准备

按照要求完成“制作卡通兔主题裱花蛋糕”的工作任务准备。

1. 工具准备

本任务需准备厨师机、圆花嘴、中号圆锯齿花嘴、抹刀、剪刀等。

各个小组长汇总本任务所需要的原料和工具，以班级为单位填写工具原料领用单。

2. 原料准备

本任务需按表3-4所示准备原料。

表3-4　卡通兔主题裱花蛋糕原料表

海绵蛋糕坯配料		蛋糕装饰配料	
原料	用量	原料	用量
鸡蛋	250g	植物奶油	1000g
细砂糖	125g	红色色素	1瓶
低筋面粉	100g	绿色色素	1瓶
泡打粉	2g	蓝色色素	1瓶
盐	1.5g	橙色色素	1瓶
水	20g	巧克力拉线膏	50g
色拉油	75g		
SP蛋糕油	20g		

注：由于植物奶油塑性强、稳定性高，适合初学者使用，故在本任务中选用植物奶油进行操作。

3. 确定工作方案

以小组讨论的形式制订“制作卡通兔主题裱花蛋糕”的工作方案（岗位分工、岗位职责、岗位要求），并填写工作方案表。

任务实施

1. 奶油直面的制作

配图	操作方法	操作说明
	将蛋糕坯抹好奶油直面备用	

2. 花边的制作

配图	操作方法	操作说明
	按配图所示，准备工具和材料	
	在蛋糕顶部边缘，制作一圈淋面	
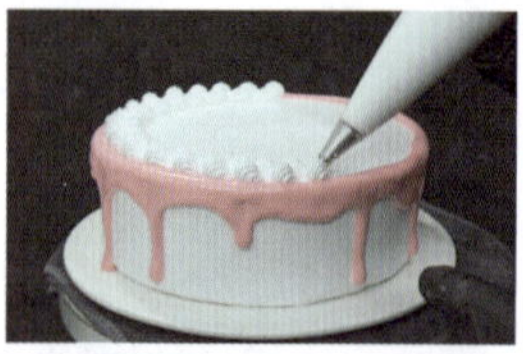	在蛋糕顶部交错制作一圈贝壳花边	
	在蛋糕底边拔出一圈青草装饰	
	在蛋糕面上点缀奶油草莓装饰	卡通兔主题裱花蛋糕花边裱挤

3. 奶油卡通兔的制作

配图	操作方法	操作说明
	将中号圆花嘴垂直于蛋糕表面，挤出圆锥形的卡通兔身体	
	将花嘴倾斜45°，贴着卡通兔身体两侧的下端，由下至上，由细至粗，拉出脚	在制作卡通兔的腿部时候，花嘴不要太贴着转盘或身体；如果其脚掌太扁，会不够饱满
	将花嘴倾斜45°，插入卡通兔身体上方1/3处，由粗至细，拉出膀臂	
	将花嘴垂直插入身体上端，由粗至细向上挤出头部，卡通兔头部大小约为身体的1/2	
	将中号圆花嘴贴于卡通兔头部中心位置，由粗至细从两侧平行移至中心点，裱挤出腮部	卡通兔腮部要圆润、饱满
	将奶油装入裱花袋中，插入卡通兔腮部中心位置，裱挤出两个小圆球，作为嘴部	
	插入卡通兔嘴部圆球上方中心位置，裱挤出鼻梁	（1）裱花袋剪口要小，更易控制奶油流量； （2）卡通兔鼻头要小于嘴部的两个圆球

配图	操作方法	操作说明
	插入卡通兔嘴部两个圆球下方中心位置，裱挤出圆球并描绘出“U”形嘴巴轮廓	
	将中号圆花嘴贴于卡通兔鼻梁两侧，由下至上裱挤出眼睛	
	将圆花嘴插入卡通兔眼睛斜后方拔出耳朵外形，并用奶油细裱描绘出柳叶形轮廓	
	将圆花嘴分别插入卡通兔两侧腮部拔出胡须	
	用巧克力拉线膏描绘出卡通兔的五官表情	
	用奶油做出卡通兔的舌头	
	将橙色奶油装入裱花袋中，在卡通兔胳膊和腿部位置，分别由大至小裱挤出5个圆球，作为兔子的手指和脚趾	
	将小号圆花嘴插入卡通兔身体背部，拔出尾巴	

配图	操作方法	操作说明
	在蛋糕表面裱挤心形装饰	卡通兔制作
	修饰细节，整合成品	

成本核算与流程结束整理

根据实际情况，进行本任务产品的成本核算，并填写成本核算表与流程结束整理清单。

总结与复习

请在完成以下题目的过程中对本任务进行总结与复习。

1. 填空题

裱挤卡通兔头部时，要将花嘴＿＿＿＿＿插入身体上端，由＿＿＿＿＿向上挤出头部，头部大小约为身体的＿＿＿＿＿。

2. 请简要分析在裱挤卡通兔耳朵的时候，有哪些操作要点和注意事项。

评价反馈

制作卡通兔主题裱花蛋糕专业能力评价表

学生姓名：＿＿＿＿＿＿＿＿　组别：＿＿＿＿＿＿＿＿　日期：＿＿＿＿＿＿＿＿

评价方式	评价环节	评价项目	评价内容	评价要素	不计分	不及格	及格	良	优
学生自评（10%）	课前评价	基础知识（10分）	自主学习	预习本任务内容，通过网络搜集相关知识材料（10分）	0	—	6.0	8.0	10.0

续表

评价方式	评价环节	评价项目	评价内容	评价要素	不计分	不及格	及格	良	优
组间评价（20%）	课中评价	海绵蛋糕坯的制作（5分）	操作过程	正确称配原料；面糊无颗粒、无生粉；烘烤温度和烘烤时间准确；成品色泽金黄，膨胀度较好（5分）	0	1.5	3.0	4.0	5.0
		奶油直面的制作（5分）		坯体表面平整，无明显气泡、纹路；坯体侧面垂直于转台或金底板上（5分）	0	1.5	3.0	4.0	5.0
		花边的制作（5分）		奶油细腻有光泽；花边纹路间隔均匀、流畅；表面无明显裂口和气泡（5分）	0	1.5	3.0	4.0	5.0
		卡通兔的制作（5分）		身体和五官比例得当；五官位置正确，表情生动精致（5分）	0	1.5	3.0	4.0	5.0
教师评价（70%）		海绵蛋糕坯的制作（5分）		正确称配原料（1分）	0	0.2	0.5	0.8	1.0
				面糊细腻无颗粒、无生粉（1分）	0	0.2	0.5	0.8	1.0
				成品色泽金黄（1分）	0	0.2	0.5	0.8	1.0
				成品膨胀度较好（1分）	0	0.2	0.5	0.8	1.0
				注意操作卫生与安全（1分）	0	0.2	0.5	0.8	1.0
		奶油直面的制作（15分）		坯体表面平整，无明显气泡、纹路（3分）	0	1.0	1.5	2.0	3.0
				坯体侧面垂直于转台或金底板上（3分）	0	1.0	1.5	2.0	3.0
				正确使用裱花工具（3分）	0	1.0	1.5	2.0	3.0
				勤俭节约，无明显浪费（3分）	0	1.0	1.5	2.0	3.0
				注意操作卫生与安全（3分）	0	1.0	1.5	2.0	3.0
		花边的制作（15分）		奶油打发细腻光滑（3分）	0	1.0	1.5	2.0	3.0
				花边纹路间隔均匀、流畅（3分）	0	1.0	1.5	2.0	3.0
				花纹表面无明显裂口、大气泡（3分）	0	1.0	1.5	2.0	3.0
				花边大小均匀统一（3分）	0	1.0	1.5	2.0	3.0
				注意操作卫生与安全（3分）	0	1.0	1.5	2.0	3.0
		卡通兔的制作（10分）	产品展示	造型身体比例正确（2分）	0	0.5	1.0	1.5	2.0
				造型五官位置正确，表情绘画精致（2分）	0	0.5	1.0	1.5	2.0
				装饰色彩搭配和谐（3分）	0	1.0	2.0	2.5	3.0
				作品在规定时间内出品展示（3分）	0	1.0	2.0	2.5	3.0

续表

评价方式	评价环节	评价项目	评价内容	评价要素	不计分	不及格	及格	良	优
教师评价（70%）	课中评价	学习能力（10分）	探究归纳	（1）探究错误原因（3分） （2）举一反三，具有知识迁移能力（3分） （3）总结问题的解决办法及重难点（4分）	0	2.0	6.0	8.0	10.0
	课后评价	巩固迁移能力（15分）	总结归纳	能够完成教师布置的作业（15分）	0	4.0	8.0	12.0	15.0
总分									

注：①总分<60为不及格；60≤总分<75为及格；75≤总分<85为良；总分≥85为优。
②每个评分项目里，一旦出现安全问题或不出品皆为0分。

拓展与提高

请观看视频，学习奶油仿真兔的制作方法。

裱挤奶油仿真兔

任务四　制作卡通蛇主题裱花蛋糕

学习目标

知识目标	1. 了解巧克力的分类、调温与保存等相关知识。 2. 知道奶油卡通蛇的基本结构，掌握其颈部、头部、尾部的特征。
能力目标	1. 能够掌握不同种类巧克力的特点，并将其应用到裱花蛋糕中。 2. 能够按照操作步骤，遵循卡通蛇正确头身比例，裱挤卡通蛇。 3. 能够根据卡通动物裱花蛋糕的成品标准，分析各种失败作品的问题，并探究导致问题的原因。
素养目标	通过课堂教学，形成反思的习惯，通过反思不断做出行动的改进。

建议学时

12学时

任务描述

一位客人来到蛋糕店想为蛇年出生的小朋友预订一款以卡通生肖“蛇”为主题的裱花蛋糕。请分组进行设计制作，过程严格遵守实训室安全操作守则，正确使用工具和设备，遵守卫生标准流程，团队协作完成。

知识导学

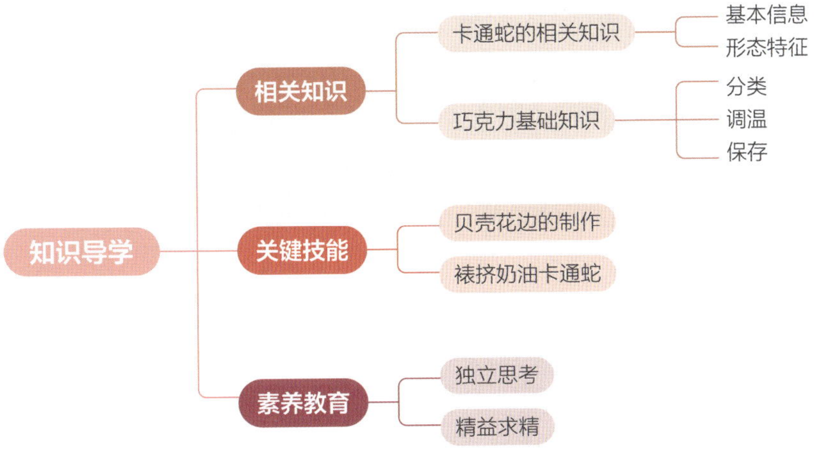

知识链接

一、卡通蛇的形态特征

卡通蛇身体细长，分为头、躯干和尾三部分，为了凸显卡通蛇的可爱，可以夸张地把蛇的眼睛放大，并拟人化地勾勒出卡通蛇的面部表情，见图3-14。

图3-14　卡通蛇形态

二、巧克力基础知识

巧克力在裱花蛋糕中不仅可以作为蛋糕坯的制作原料，还可以作为装饰材料，例如制作巧克力装饰配件、巧克力淋面、巧克力黑色细裱等，图3-15为巧克力淋面蛋糕。裱花师需要熟知不同巧克力的特性，进行合理使用。

图3-15　巧克力淋面

1. 巧克力的分类

巧克力可分为纯脂巧克力和代可可脂巧克力两大类。代可可脂是植物油经过氢化后得到的产物，因为熔点高，所以一般不需要调温，熔化后直接就可塑形凝固，可以制作巧克力铲花和配件。

2. 巧克力的调温

巧克力中含有的脂肪物质称为可可脂（Cocoa butter）。调温是一个改变可可脂分子组合结构的过程，使其可在室温下硬化，并使巧克力具有一定的脆度、光泽，且更容易脱模。

调温的第一阶段是升温，将巧克力熔化成液体状态，使巧克力没有晶体；第二阶段是将熔化的巧克力降温至27℃，在降温的过程中，可可脂重新凝结成晶体状态，分布在巧克力中；第三阶段调温，又称温度回升阶段，温度从27℃回升至30～32℃，目的是留下最稳定的晶型。

3. 巧克力的保存

巧克力应放置于干燥避光的环境中，温度在18~20℃，相对湿度在65%左右，制作巧克力最佳的室温是18~22℃，切不可温度过高。

问题探究

查阅相关资料并借助以下题目完成预习任务。

1. 绘制出卡通蛇的结构草图，注意卡通蛇的五官比例。

2. 请各小组结合本任务内容进行讨论，并以绘制思维导图的方式梳理制作卡通蛇主题裱花蛋糕的操作流程及要点。

3. 填空题

   抹制奶油直面时，抹刀应放在转台__________位置。

4. 选择题

   巧克力在蛋糕中的用途包含以下哪些（　　）。

   A. 夹心、慕斯　　B. 淋面　　C. 裱写字体　　D. 装饰蛋糕

任务准备

按照要求完成“制作卡通蛇主题裱花蛋糕”的工作任务准备。

1. 设备工具

本任务需准备厨师机、圆花嘴、圆锯齿花嘴、直花嘴、抹刀等。各个小组长汇总本任务

所需要的原料和工具，以班级为单位填写工具原料领用单。

2. 原料准备

本任务需按表3-5所示准备原料。

表3-5　卡通蛇主题裱花蛋糕原料表

海绵蛋糕坯配料		蛋糕装饰配料	
原料	用量	原料	用量
鸡蛋	250g	植物奶油	1000g
细砂糖	125g	红色色素	1瓶
盐	1.5g	绿色色素	1瓶
低筋面粉	100g	蓝色色素	1瓶
泡打粉	2g	巧克力拉线膏	50g
SP蛋糕油	20g	裱花袋	5个
水	20g		
色拉油	75g		

注：由于植物奶油塑性强、稳定性高，适合初学者使用，故在本任务中选用植物奶油进行操作。

3. 确定工作方案

以小组讨论的形式制订“制作卡通蛇主题裱花蛋糕”的工作方案（岗位分工、岗位职责、岗位要求），并填写工作方案表。

任务实施

1. 奶油直面抹制

配图	操作方法	操作说明
	按配图所示，准备工具和材料	

2. 花边的制作

配图	操作方法	操作说明
	将圆锯齿花嘴放于蛋糕坯底部6点钟位置，均匀地裱挤一圈贝壳花边	
	将直花嘴放于蛋糕坯侧面6点钟位置，均匀移动，裱挤一圈拉弧花边	
	将小号圆锯齿花嘴放于拉弧花边接口处，裱挤花边并装饰糖珠	
	将中号圆锯齿花嘴放于蛋糕表面，裱挤一圈羊毛卷花边并装饰糖珠	卡通蛇主题裱花蛋糕花边裱挤

3. 奶油卡通蛇的制作

配图	操作方法	操作说明
	将中号圆花嘴倾斜75°，裱挤出圆球，再向右上方环绕半圈，裱挤出卡通蛇身体	
	将花嘴插入身体中间，由粗至细裱挤出卡通蛇颈部	
	将花嘴垂直插入颈部，裱挤出圆球并拔出三角形的卡通蛇嘴巴	

配图	操作方法	操作说明
	将花嘴倾斜插入卡通蛇身体一侧，围绕身体由粗至细，裱挤出尾巴	卡通蛇尾巴形状要盘旋紧凑
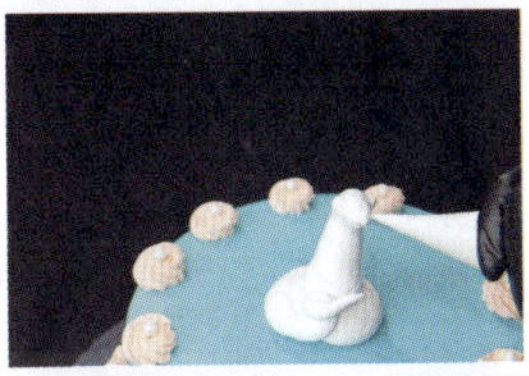	将奶油装入裱花袋中，倾斜插入卡通蛇三角形嘴巴两侧后端，裱挤出腮部圆球并描绘出嘴唇轮廓	裱花袋剪口要小，才更易控制奶油流量；卡通蛇腮部要饱满且大小一致
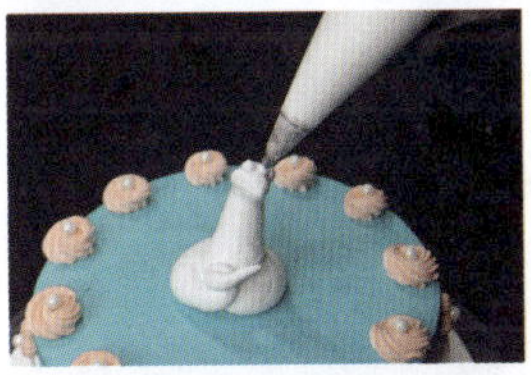	将花嘴垂直于头部，裱挤卡通蛇圆形眼睛	
	用巧克力拉线膏描绘出卡通蛇五官和表情	
	根据自己喜欢的样子，裱挤出卡通蛇的帽子、嘴唇颜色等	卡通蛇制作
	用巧克力裱挤“生日快乐”字样，装饰蛋糕	

成本核算与流程结束整理

根据实际情况，进行本任务产品的成本核算，并填写成本核算表与流程结束整理清单。

总结与复习

请在完成以下题目的过程中对本任务进行总结与复习。

回顾本任务，完成填空。

1. 裱挤拉弧花边时选用________花嘴，花嘴角度向________倾斜________°角，裱挤的动作要领是________________。
2. 裱挤奶油卡通蛇时选用________花嘴，花嘴倾斜________°角，距离蛋糕面________裱挤出圆球，再向________环绕半圈，裱挤出身体。
3. 裱挤奶油卡通蛇头部时，将花嘴插入________中间，由________裱挤出脖子。
4. 裱挤卡通蛇头部时选用________制作，插入三角形嘴巴两侧细裱________，裱挤出腮部________，腮部要________且大小一致。

评价反馈

制作卡通蛇主题裱花蛋糕专业能力评价表

学生姓名：____________ 组别：____________ 日期：____________

评价方式	评价环节	评价项目	评价内容	评价要素	不计分	不及格	及格	良	优
学生自评（10%）	课前评价	基础知识（10分）	自主学习	预习本任务内容，通过网络搜集相关知识材料（10分）	0	—	6.0	8.0	10.0
组间评价（20%）	课中评价	海绵蛋糕坯的制作（5分）	操作过程	正确称配原料；面糊无颗粒、无生粉；烘烤温度和烘烤时间准确；成品色泽金黄，膨胀度较好（5分）	0	1.5	3.0	4.0	5.0
		奶油直面的制作（5分）		坯体表面平整，无明显气泡、纹路；坯体侧面垂直于转台或金底板上（5分）	0	1.5	3.0	4.0	5.0
		花边的制作（5分）		奶油细腻有光泽；花边纹路间隔均匀、流畅；表面无明显裂口和气泡（5分）	0	1.5	3.0	4.0	5.0
		卡通蛇的制作（5分）		卡通蛇身体和五官比例得当；五官位置正确，表情生动精致（5分）	0	1.5	3.0	4.0	5.0

续表

评价方式	评价环节	评价项目	评价内容	评价要素	不计分	不及格	及格	良	优
教师评价（70%）	课中评价	海绵蛋糕坯的制作（5分）	操作过程	正确称配原料（1分）	0	0.2	0.5	0.8	1.0
				面糊细腻无颗粒、无生粉（1分）	0	0.2	0.5	0.8	1.0
				成品色泽金黄（1分）	0	0.2	0.5	0.8	1.0
				成品膨胀度较好（1分）	0	0.2	0.5	0.8	1.0
				注意操作卫生与安全（1分）	0	0.2	0.5	0.8	1.0
		奶油直面的制作（15分）		坯体表面平整，无明显气泡、纹路（3分）	0	1.0	1.5	2.0	3.0
				坯体侧面垂直于转台或金底板上（3分）	0	1.0	1.5	2.0	3.0
				正确使用裱花工具（3分）	0	1.0	1.5	2.0	3.0
				勤俭节约，无明显浪费（3分）	0	1.0	1.5	2.0	3.0
				注意操作卫生与安全（3分）	0	1.0	1.5	2.0	3.0
		花边的制作（15分）		奶油打发细腻光滑（3分）	0	1.0	1.5	2.0	3.0
				花边纹路间隔均匀、流畅（3分）	0	1.0	1.5	2.0	3.0
				花纹表面无明显裂口、大气泡（3分）	0	1.0	1.5	2.0	3.0
				花边大小均匀统一（3分）	0	1.0	1.5	2.0	3.0
				注意操作卫生与安全（3分）	0	1.0	1.5	2.0	3.0
		卡通蛇的制作（10分）	产品展示	造型身体比例正确（2分）	0	0.5	1.0	1.5	2.0
				造型五官位置正确，表情绘画精致（2分）	0	0.5	1.0	1.5	2.0
				装饰色彩搭配和谐（3分）	0	1.0	2.0	2.5	3.0
				作品在规定时间内出品展示（3分）	0	1.0	2.0	2.5	3.0
		学习能力（10分）	探究归纳	（1）探究错误原因（3分） （2）举一反三，具有知识迁移能力（3分） （3）总结问题的解决办法及重难点（4分）	0	2.0	6.0	8.0	10.0

续表

评价方式	评价环节	评价项目	评价内容	评价要素	不计分	不及格	及格	良	优
教师评价（70%）	课后评价	巩固迁移能力（15分）	总结归纳	能够完成教师布置的作业（15分）	0	4.0	8.0	12.0	15.0
总分									

注：①总分＜60为不及格；60≤总分＜75为及格；75≤总分＜85为良；总分≥85为优。
②每个评分项目里，一旦出现安全问题或不出品皆为0分。

拓展与提高

请观看视频，学习奶油仿真蛇的制作方法。

裱挤奶油仿真蛇

任务五　制作卡通虎主题裱花蛋糕

学习目标

知识目标

1. 了解卡通虎的基本形态特征。
2. 区别奶油、黄油奶油霜、豆沙在裱花蛋糕制作过程中的异同点。

能力目标

1. 能按照操作步骤，掌握卡通虎身体和头部的正确裱挤手法。
2. 能正确使用巧克力拉线膏描画出卡通虎的面部纹路特征。
3. 能够在实际操作过程中发现问题并探索解决方法。

素养目标

1. 通过不断练习，将理论转换成实践，激励独立自主的创新创造。
2. 通过对生肖主题裱花蛋糕的制作，传承、发扬优秀中华传统文化。

建议学时

12学时

任务描述

虎以威猛、吉祥、避邪成为中华民族的吉祥符号，本任务以生肖“虎”为主题进行奶油裱花创作。通过任务中卡通虎的裱挤过程，掌握巧克力拉线膏的裱挤方法，并提升卡通动物造型的奶油裱挤技术。

请自由分组（3~4人为一组）进行本任务的制作，过程严格遵守实训室安全操作守则，正确使用工具和设备，遵守卫生标准流程，团队协作完成。

知识导学

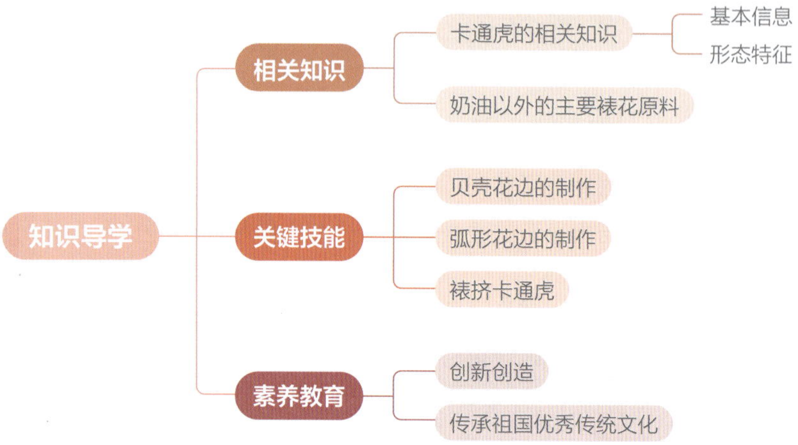

知识链接

一、卡通虎的形态特征

卡通虎主要凸显出活泼、生动、健康、可爱的形象，全身有黑色条纹，嘴上长有长而硬的虎须，眼睛灵动有神，牙齿尖利，表情调皮可爱，见图3-16。

图3-16　卡通虎形态

二、奶油以外的主要裱花原料

裱花蛋糕中除奶油裱花外，还有两类重要裱挤原料：黄油奶油霜和豆沙。两者基本的裱挤技法与奶油大同小异，但由于材料的成分和状态不同在调色和操作细节上有所不同。

（1）黄油奶油霜　黄油奶油霜主要使用黄油制作而成，也称作黄奶油馅、黄油奶油、泡沫奶油霜等。这种奶油霜因为使用黄油打发制成，所以口感要比鲜奶油厚实，不但适用于戚风及海绵等柔软蛋糕的装饰，也适合用作口感浓郁的黄油蛋糕、重乳酪蛋糕的装饰。

黄油奶油霜较容易保存，裱挤出的花纹较单纯的奶油更加清晰且能保持时间更长。

（2）豆沙　豆沙裱花是在奶油霜裱花的基础上发展起来的，较奶油裱花具有更强的可塑性，可以用手塑形，花卉更加生动逼真，颜色饱和度低，更自然、柔和，裱挤出的花卉有仿真效果，成为市场上较为流行的一类蛋糕装饰。

问题探究

查阅相关资料并借助以下题目完成预习任务。

1. 填空题

（1）仿真生肖和卡通生肖蛋糕的主要区别是__________、__________。

（2）裱挤奶油卡通虎时，它的身体呈__________形状。

2. 请各小组结合本任务内容进行讨论，并以绘制思维导图的方式梳理制作卡通虎主题裱花蛋糕的操作流程及要点。

任务准备

按照要求完成“制作卡通虎主题裱花蛋糕”的工作任务准备。

1. 设备工具

本任务需准备厨师机、圆花嘴、圆锯齿花嘴、直花嘴、抹刀等。各个小组长汇总本任务所需要的原料和工具，以班级为单位填写工具原料领用单。

2. 原料准备

本任务需按表3-6所示准备原料。

表3-6　卡通虎主题裱花蛋糕原料表

海绵蛋糕坯		蛋糕装饰	
原料	用量	原料	用量
鸡蛋	250g	植物奶油	1000g
细砂糖	125g	绿色色素	1瓶
低筋面粉	100g	蓝色色素	1瓶
泡打粉	2g	红色色素	1瓶
SP蛋糕油	20g	巧克力拉线膏	50g
水	20g	裱花袋	5个
色拉油	75g		
盐	1.5g		

注：由于植物奶油塑性强、稳定性高，适合初学者使用，故在本任务中选用植物奶油进行操作。

3. 确定工作方案

以小组讨论的形式制订“制作卡通虎主题裱花蛋糕”的工作方案（岗位分工、岗位职责、岗位要求），并填写工作方案表。

任务实施

1. 奶油直面抹制

配图	操作方法	操作说明
	将蛋糕坯抹好奶油直面备用	

2. 花边的制作

配图	操作方法	操作说明
	按配图所示，准备工具和材料	
	将圆锯齿花嘴放于蛋糕坯底部6点钟位置，均匀地裱挤一圈贝壳花边	
	将圆锯齿花嘴放于蛋糕坯表面6点钟位置，均匀地裱挤出一圈贝壳花边	
	将直花嘴放于蛋糕坯侧面6点钟位置，裱挤出一圈弧形花边	

配图	操作方法	操作说明
	将小号圆锯齿花嘴放于弧形花边上，均匀地裱挤出一圈贝壳花边，再在弧度上裱挤出圆形花边并装饰白色糖珠	卡通虎主题裱花蛋糕花边裱挤

3. 奶油卡通虎的制作

配图	操作方法	操作说明
	用中号圆花嘴垂直于蛋糕面，挤出圆锥形卡通虎身体	
	将花嘴倾斜45°，贴着卡通虎身体两侧下端，由下至上，由细至粗，裱挤出脚	裱挤卡通虎脚时两边不需插入奶油中
	将花嘴倾斜45°，插在卡通虎身体上方1/3处，由粗至细，拉出膀臂	
	将花嘴垂直插入卡通虎身体上端，由粗至细向上挤出头部，头部大小为身体的1/2	裱挤卡通虎头部时，头部下端粗、上端细
	将花嘴插入卡通虎头部中间，向左侧挤出小圆球，作为卡通虎的左腮部	
	将奶油装入裱花袋中，倾斜45°插入卡通虎头部下方，向右侧挤出小圆球，作为卡通虎的右腮部	（1）裱花袋剪口要小，更易控制奶油流量； （2）细裱腮部时不可来回移动，腮部要圆润、饱满

配图	操作方法	操作说明
	从卡通虎腮部的两个圆球下方挤出小圆球作嘴部	卡通虎嘴巴要小于两个圆球
	从卡通虎腮部两个圆球上方挤出小圆球，作为鼻头	
	将大号圆花嘴放在卡通虎鼻头两侧，向上挤出八字形眼睛	裱挤卡通虎眼睛时，花嘴要贴着头部垂直裱挤
	插入卡通虎眼睛斜后方位置细裱，挤出圆柱形并描绘出耳朵轮廓	
	用奶油描绘出卡通虎嘴部轮廓并裱挤出舌头	
	分别插入卡通虎胳膊和腿部进行细裱，由大至小挤出5个圆球，分别作为手指和脚趾	
	用巧克力拉线膏细裱描绘卡通虎五官及身体	注意将卡通虎腮部纹路画在脸部两侧
	将小号圆花嘴插入卡通虎身体背部底端拔出“S”形尾巴	以“S”形尾巴呈现出卡通虎身体的灵活

配图	操作方法	操作说明
	装饰糖珠，整合蛋糕	卡通虎制作

成本核算与流程结束整理

根据实际情况，进行本任务产品的成本核算，并填写成本核算表与流程结束整理清单。

总结与复习

请在完成以下题目的过程中对本任务进行总结与复习。

回顾本任务完成填空。

1. 裱挤奶油卡通虎头部时花嘴__________插入身体上端，由__________向上挤出头部，头部大小为身体__________。
2. 裱挤奶油卡通虎的脚时，将花嘴倾斜__________°角，__________身体两侧下端，__________、__________由细至粗裱挤出脚。
3. 裱挤奶油卡通虎的眼睛时，要注意眼睛位于鼻头两侧，向上裱挤出__________眼睛，耳朵在眼睛的__________位置，最后用__________裱挤出圆柱形并描绘出耳朵轮廓。

评价反馈

制作卡通虎主题裱花蛋糕专业能力评价表

学生姓名：__________　组别：__________　日期：__________

评价方式	评价环节	评价项目	评价内容	评价要素	不计分	不及格	及格	良	优
学生自评（10%）	课前评价	基础知识（10分）	自主学习	预习本任务内容，通过网络搜集相关知识材料（10分）	0	—	6.0	8.0	10.0

续表

评价方式	评价环节	评价项目	评价内容	评价要素	不计分	不及格	及格	良	优
组间评价（20%）	课中评价	海绵蛋糕坯的制作（5分）	操作过程	正确称配原料；面糊无颗粒、无生粉；烘烤温度和烘烤时间准确；成品色泽金黄，膨胀度较好（5分）	0	1.5	3.0	4.0	5.0
		奶油直面的制作（5分）		坯体表面平整，无明显气泡、纹路；坯体侧面垂直于转台或金底板上（5分）	0	1.5	3.0	4.0	5.0
		花边的制作（5分）		奶油细腻有光泽；花边纹路间隔均匀、流畅；表面无明显裂口和气泡（5分）	0	1.5	3.0	4.0	5.0
		卡通虎的制作（5分）		身体和五官比例得当；五官位置正确，表情生动精致（5分）	0	1.5	3.0	4.0	5.0
教师评价（70%）		海绵蛋糕坯的制作（5分）		正确称配原料（1分）	0	0.2	0.5	0.8	1.0
				面糊细腻无颗粒、无生粉（1分）	0	0.2	0.5	0.8	1.0
				成品色泽金黄（1分）	0	0.2	0.5	0.8	1.0
				成品膨胀度较好（1分）	0	0.2	0.5	0.8	1.0
				注意操作卫生与安全（1分）	0	0.2	0.5	0.8	1.0
		奶油直面的制作（15分）		坯体表面平整，无明显气泡、纹路（3分）	0	1.0	1.5	2.0	3.0
				坯体侧面垂直于转台或金底板上（3分）	0	1.0	1.5	2.0	3.0
				正确使用裱花工具（3分）	0	1.0	1.5	2.0	3.0
				勤俭节约，无明显浪费（3分）	0	1.0	1.5	2.0	3.0
				注意操作卫生与安全（3分）	0	1.0	1.5	2.0	3.0
		花边的制作（15分）		奶油打发细腻光滑（3分）	0	1.0	1.5	2.0	3.0
				花边纹路间隔均匀、流畅（3分）	0	1.0	1.5	2.0	3.0
				花纹表面无明显裂口、大气泡（3分）	0	1.0	1.5	2.0	3.0
				花边大小均匀统一（3分）	0	1.0	1.5	2.0	3.0
				注意操作卫生与安全（3分）	0	1.0	1.5	2.0	3.0
		卡通虎的制作（10分）	产品展示	造型身体比例正确（2分）	0	0.5	1.0	1.5	2.0
				造型五官位置正确，表情制作精致（2分）	0	0.5	1.0	1.5	2.0
				装饰色彩搭配和谐（3分）	0	1.0	2.0	2.5	3.0

续表

评价方式	评价环节	评价项目	评价内容	评价要素	不计分	不及格	及格	良	优
教师评价（70%）	课中评价	卡通虎的制作（10分）	产品展示	作品在规定时间内出品展示（3分）	0	1.0	2.0	2.5	3.0
		学习能力（10分）	探究归纳	（1）探究错误原因（3分） （2）举一反三，具有知识迁移能力（3分） （3）总结问题的解决办法及重难点（4分）	0	2.0	6.0	8.0	10.0
	课后评价	巩固迁移能力（15分）	总结归纳	能够完成教师布置的作业（15分）	0	4.0	8.0	12.0	15.0
总分									

注：①总分＜60为不及格；60≤总分＜75为及格；75≤总分＜85为良；总分≥85为优。
②每个评分项目里，一旦出现安全问题或不出品皆为0分。

拓展与提高

请观看视频，学习奶油仿真虎的制作方法。

裱挤奶油仿真虎

任务六 制作卡通马主题裱花蛋糕

学习目标

知识目标

1. 了解蛋糕立体造型设计的基本要素。
2. 掌握蛋糕装饰的构图方法。
3. 阐述奶油卡通马的基本结构和裱挤方法。

能力目标

1. 能掌握奶油卡通马嘴部连贯圆球的裱挤技巧。
2. 能熟练掌握奶油卡通动物的五官绘制方法。

素养目标

1. 通过对不同卡通动物裱挤过程的比较，锻炼观察能力和分析能力。
2. 通过课前和课后的练习，培养自主预习和温故知新的学习能力。

建议学时

12学时

任务描述

马是十二生肖中的第七个生肖。马的身姿矫健，寓意着“马到成功”。本任务要求以卡通生肖“马”为主题进行奶油裱花蛋糕制作。

本任务将通过分组合作的方式进行制作，过程严格遵守实训室安全操作守则，正确使用工具和设备，遵守卫生标准流程，团队协作完成。

知识导学

- 知识导学
  - 相关知识
    - 卡通马的相关知识
      - 基本信息
      - 形态特征
    - 立体造型设计的基本要素
      - 点
      - 线
      - 面
      - 体
    - 蛋糕装饰的构图方法
      - 中间构图法
      - 侧边构图法
      - 三角构图法
      - 线条构图法
  - 关键技能
    - 奶油围边的制作
    - 贝壳花边的制作
    - 裱挤卡通马
  - 素养教育
    - 观察分析能力
    - 温故知新

知识链接

一、卡通马的形态特征

马代表着自强不息、奋进不止。卡通马的特点是坚实的肌肉、长长的鬃毛、浓密的马尾、面平直偏长且耳短。

图3-17　卡通马形态

二、立体造型设计的基本要素

裱花蛋糕可以从色彩搭配，蛋糕坯形状，花边装饰，造型的形态及比例、创意与风格等方面进行设计。在蛋糕造型设计之前，先要了解立体造型构成的基本要素：点、线、面、体。这是蛋糕造型设计的理论基础。

1. 点

点的不同位置会给人带来不同的效果。在裱花蛋糕中可以把一朵花卉看成一个点，点与点之间构成线，在蛋糕设计时要考虑点和线之间的关系。

2. 线

线具有不同的方向性，线条间有的平行、有的交叉，效果不同。线条有直线、曲线、波浪线等不同形态，表现不同的意境，在蛋糕造型中，如果装饰本身就是线条性的，如长条饼干、长条巧克力，则都是线的表现。

3. 面

蛋糕造型有正面和不同角度的侧面，每一个侧面都要展现出较完整的画面，尽量掩盖住瑕疵处，三个以上的点，会出现面、形状和造型。

4. 体

蛋糕体一般来说是一个正方体、长方体、圆柱体、三角体或其他造型，如花篮造型、汽车造型、飞机造型的蛋糕体等。

三、蛋糕装饰的构图方法

1. 中间构图法

中间构图法即一个点构图，将主要装饰放在蛋糕中心点处，例如把卡通动物放在中间构图，主体明确，是蛋糕装饰最常用的手法之一，见图3-18。

2. 侧边构图法

两个卡通动物或者卡通动物和其他装饰组合在一起时，将动物放在蛋糕的一侧，能显出较强的空间感及动态感，一侧留出较大的空白以突出另一侧的主要装饰，见图3-19。

3. 三角构图法

三个主体可呈正三角形或倒三角形构图，以静代动，三角形给人一种结构稳定中有带有动态变化的感受，见图3-20。

4. 线条构图法

线条构图中的线条分为直线、曲线（“S”线）等。直线一般偏向一侧，另一侧留有空白，见图3-21；曲线线条通常表现为优美、浪漫、优雅，具有柔和的亲切感。

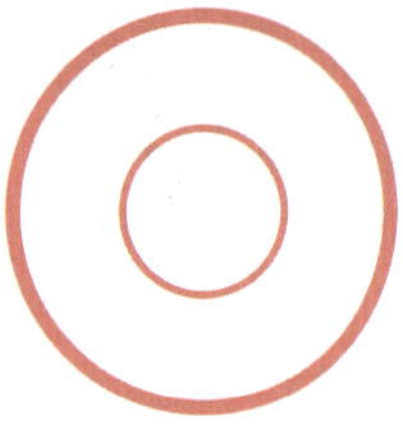

图3-18　中间构图法

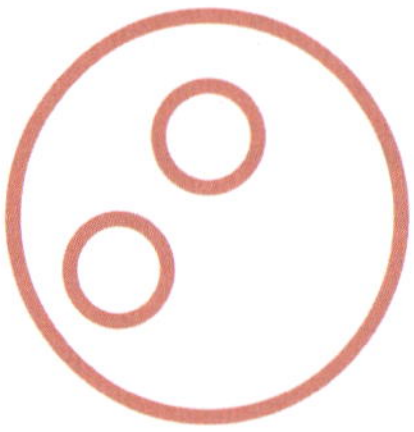

图3-19　侧边构图法

图3-20　三角构图法

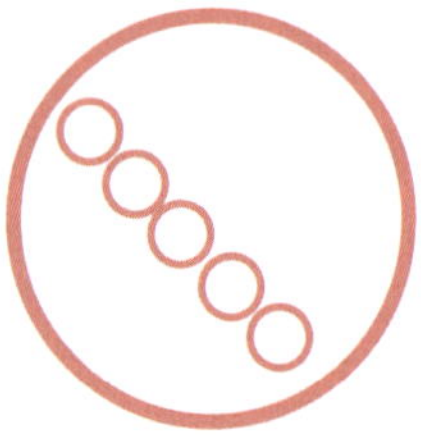

图3-21　线条构图法

问题探究

查阅相关资料并借助以下题目完成预习任务。

1. 通过课前预习，阐述生肖马在我国传统文化中的象征意义。

2. 填空题

（1）在前几节课程中学习了花边的制作手法，分别有__________、__________、__________、__________、__________、__________、__________等，制作出的花边具有__________、__________、__________、__________、__________、__________的作用。

（2）蛋糕装饰的形态是由__________、__________、__________、__________构成。卡通造型的摆放主要分为__________、__________、__________、__________的构图方式，在卡通造型的任务中一般选择使用__________的方式。

（3）花卉类蛋糕一般会采用__________和__________的方式来摆放花卉。

3. 请各小组结合本任务内容进行讨论，并以绘制思维导图的方式梳理制作卡通马主题裱花蛋糕的操作流程及要点。

任务准备

按照要求完成“制作卡通马主题蛋糕”的工作任务准备。

1. 工具准备

本任务需准备：厨师机、圆花嘴、叶子花嘴、抹刀等。各个小组长汇总本任务所需要的原料和工具，以班级为单位填写工具原料领用单。

2. 原料准备

本任务需按表3-7所示准备原料。

表3-7　卡通马主题裱花蛋糕原料表

海绵蛋糕坯		蛋糕装饰	
原料	用量	原料	用量
鸡蛋	250g	植物奶油	1000g
细砂糖	125g	绿色色素	1瓶
低筋面粉	100g	蓝色色素	1瓶
泡打粉	2g	咖啡色色素	1瓶
盐	1.5g	巧克力拉线膏	50g
水	20g	裱花袋	5个
色拉油	75g		
SP蛋糕油	20g		

注：由于植物奶油塑性强、稳定性高，适合初学者使用，故在本任务中选用植物奶油进行操作。

3. 确定工作方案

以小组讨论的形式制订“制作卡通马主题蛋糕”的工作方案（岗位分工、岗位职责、岗位要求），并填写工作方案表。

任务实施

1. 奶油直面抹制

配图	操作方法	操作说明
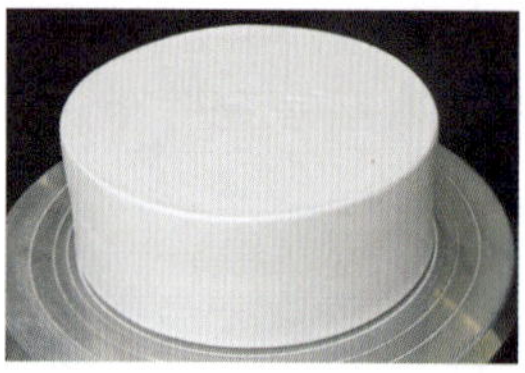	将蛋糕坯抹好奶油直面备用	
	取150g奶油调制蓝绿色，裱挤奶油坯表面	
	用抹刀将蛋糕坯抹光滑	

2. 花边的制作

配图	操作方法	操作说明
	按图中所示，准备工具和材料	
	将圆锯齿花嘴放于蛋糕坯底部6点钟位置均匀地裱挤一圈贝壳花边	

配图	操作方法	操作说明
	用蓝色奶油在贝壳花边的连接处挤上一圈均匀的小圆球	
	将叶子花嘴放于蛋糕坯侧面6点钟位置，上下抖动裱挤出一圈弧形花边	
	用蓝色奶油在弧形花边上均匀地裱挤出一圈小圆球，并在弧形花边接口处裱挤心形装饰	
	将圆锯齿花嘴放于蛋糕坯表面6点钟位置，均匀地裱挤出一圈贝壳花边	
	用蓝色奶油细裱在贝壳花边交界处均匀裱挤一圈小圆球	卡通马主题裱花蛋糕花边裱挤

3. 奶油卡通马的制作

配图	操作方法	操作说明
	将中号圆花嘴倾斜45°，裱挤出圆球作为卡通马的臀部	卡通马身体是由三个圆球组成，制作时要流畅自然
	将花嘴向右侧连着裱挤出第二个圆球作为卡通马的肚子	

配图	操作方法	操作说明
	将花嘴向上由粗至细拉出卡通马脖颈	
	将花嘴倾斜45°，插入卡通马颈部，裱挤出头部	
	再将花嘴插入卡通马头部圆球，裱挤出鼻头	卡通马鼻头的圆球要小于头部圆球
	将小号圆花嘴贴在卡通马头部圆球上，裱挤出圆形眼睛	
	于卡通马眼睛后面细裱出耳朵	
	将奶油装入裱花袋，插入卡通马鼻头的左右上角，挑出鼻孔，并在鼻孔中间偏下部分裱挤出嘴巴	
	用奶油细裱描绘出卡通马的“D”字形耳廓	
	将棕色奶油装入裱花袋，插入卡通马臀部圆球，裱挤出“S”形尾巴	裱花袋剪口要小，更易控制奶油流量；挤卡通马尾巴时要流畅，粗细过渡自然

配图	操作方法	操作说明
	插入卡通马脖颈，从下往上裱挤出“S”形鬃毛	
	在卡通马脖颈及尾部圆球处，裱挤出圆形马蹄	
	用巧克力拉线膏描绘出卡通马五官表情	
	装饰糖珠，整合蛋糕成品	卡通马制作

成本核算与流程结束整理

根据实际情况，进行本任务产品的成本核算，并填写成本核算表与流程结束整理清单。

总结与复习

请在完成以下题目的过程中对本任务进行总结与复习。

1. 填空题

（1）在制作奶油卡通马头部时，卡通马和身体呈__________的比例，卡通马嘴部的圆球要__________头部圆球。

（2）在制作奶油卡通马身体部分时，花嘴与转盘之间的角度是__________°，身体圆球不可以出现__________现象，最后需要向上提出脖子的部分。

（3）制作奶油卡通马的尾巴部分时，一定要先画__________形，尾巴根部的位置要__________，尾巴梢要__________，不可以扁扁地堆在一起，且细裱不能离转盘太远，否则容易出现__________的状况，同理其鬃毛的制作也需要注意这些问题。

（4）在奶油卡通生肖造型中，奶油卡通鼠的耳朵呈__________，奶油卡通牛的耳朵呈__________，奶油卡通马的耳朵呈__________，奶油卡通兔的耳朵呈__________。

2. 通过对比卡通鼠的制作，思考在裱挤卡通马的时候与其有哪些不同之处。按以下四项简要说明即可。

①奶油：______________________________

②形态：______________________________

③四肢：______________________________

④五官：______________________________

评价反馈

制作卡通马主题裱花蛋糕专业能力评价表

学生姓名：__________________ 组别：__________________ 日期：__________________

评价方式	评价环节	评价项目	评价内容	评价要素	不计分	不及格	及格	良	优
学生自评（10%）	课前评价	基础知识（10分）	自主学习	预习本任务内容，通过网络搜集相关知识材料（10分）	0	—	6.0	8.0	10.0
组间评价（20%）	课中评价	海绵蛋糕坯的制作（5分）	操作过程	正确称配原料；面糊无颗粒、无生粉；烘烤温度和烘烤时间准确；成品色泽金黄，膨胀度较好（5分）	0	1.5	3.0	4.0	5.0
		奶油直面的制作（5分）		坯体表面平整，无明显气泡、纹路；坯体侧面垂直于转台或金底板上（5分）	0	1.5	3.0	4.0	5.0
		花边的制作（5分）		奶油细腻有光泽；花边纹路间隔均匀、流畅；表面无明显裂口和气泡（5分）	0	1.5	3.0	4.0	5.0
		卡通马的制作（5分）		身体和五官比例得当；五官位置正确，表情生动精致（5分）	0	1.5	3.0	4.0	5.0

续表

评价方式	评价环节	评价项目	评价内容	评价要素	不计分	不及格	及格	良	优
教师评价（70%）	课中评价	海绵蛋糕坯的制作（5分）	操作过程	正确称配原料（1分）	0	0.2	0.5	0.8	1.0
				面糊细腻无颗粒、无生粉（1分）	0	0.2	0.5	0.8	1.0
				成品色泽金黄（1分）	0	0.2	0.5	0.8	1.0
				成品膨胀度较好（1分）	0	0.2	0.5	0.8	1.0
				注意操作卫生与安全（1分）	0	0.2	0.5	0.8	1.0
		奶油直面的制作（15分）		坯体表面平整，无明显气泡、纹路（3分）	0	1.0	1.5	2.0	3.0
				坯体侧面垂直于转台或金底板上（3分）	0	1.0	1.5	2.0	3.0
				正确使用裱花工具（3分）	0	1.0	1.5	2.0	3.0
				勤俭节约，无明显浪费（3分）	0	1.0	1.5	2.0	3.0
				注意操作卫生与安全（3分）	0	1.0	1.5	2.0	3.0
		花边的制作（15分）		奶油打发细腻光滑（3分）	0	1.0	1.5	2.0	3.0
				花边纹路间隔均匀、流畅（3分）	0	1.0	1.5	2.0	3.0
				花纹表面无明显裂口、大气泡（3分）	0	1.0	1.5	2.0	3.0
				花边大小均匀统一（3分）	0	1.0	1.5	2.0	3.0
				注意操作卫生与安全（3分）	0	1.0	1.5	2.0	3.0
		卡通马的制作（10分）	产品展示	造型身体比例正确（2分）	0	0.5	1.0	1.5	2.0
				造型五官位置正确，表情绘画精致（2分）	0	0.5	1.0	1.5	2.0
				装饰色彩搭配和谐（3分）	0	1.0	2.0	2.5	3.0
				作品在规定时间内出品展示（3分）	0	1.0	2.0	2.5	3.0
		学习能力（10分）	探究归纳	（1）探究错误原因（3分） （2）举一反三，具有知识迁移能力（3分） （3）总结问题的解决办法及重难点（4分）	0	2.0	6.0	8.0	10.0

续表

评价方式	评价环节	评价项目	评价内容	评价要素	不计分	不及格	及格	良	优
教师评价（70%）	课后评价	巩固迁移能力（15分）	总结归纳	能够完成教师布置的作业（15分）	0	4.0	8.0	12.0	15.0
总分									

注：①总分＜60为不及格；60≤总分＜75为及格；75≤总分＜85为良；总分≥85为优。
②每个评分项目里，一旦出现安全问题或不出品皆为0分。

拓展与提高

请观看视频，学习奶油仿真马的制作方法。

裱挤奶油仿真马

项目四

制作陶艺主题裱花蛋糕

任务一　制作陶艺主题裱花蛋糕——抹刀推技法

学习目标

知识目标

1. 熟知陶艺蛋糕的表现手法和使用的工具。
2. 熟知陶艺主题裱花蛋糕制作过程中的抹刀推技法。

能力目标

1. 能运用抹刀推技法制作陶艺主题裱花蛋糕。
2. 能正确使用果膏淋面对蛋糕进行装饰。

素养目标

1. 以中华民族特色的陶艺手法为基础，通过陶艺主题裱花蛋糕的学习，锻炼知识的迁移能力和转化能力。
2. 陶艺蛋糕制作过程中，需要操作者反复练习，在失败中总结经验，操作者需要有面对困难不气馁的匠人精神。

建议学时

24学时

任务描述

陶艺主题裱花蛋糕把中华民族特色的陶艺手法与蛋糕结合，在操作技法上将陶艺精髓发挥得淋漓尽致。这种蛋糕具有较高的艺术性和观赏性。本任务中的蛋糕要以戚风蛋糕坯为底坯，运用陶艺主题裱花蛋糕中的抹刀推技法进行制作。

本任务通过小组合作的方式完成，通过制作基础陶艺主题裱花蛋糕加强基础知识的学习和巩固，制作过程严格遵守实训室安全操作守则，正确使用工具和设备，遵守卫生标准流程，团队协作完成。

知识导学

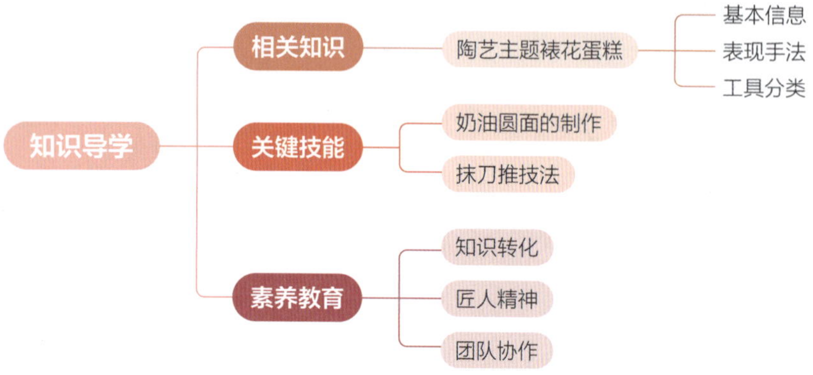

知识链接

一、陶艺主题裱花蛋糕基本信息

陶艺源于古老的陶瓷艺术，陶艺主题裱花蛋糕将材料由陶土转换为奶油，运用现代艺术手段体现现代人的审美观念，创作出的产品结合实用性和艺术性，需要裱花师具有较高的技术水平和艺术鉴赏能力。

二、陶艺主题裱花蛋糕表现手法

陶艺主题裱花蛋糕有抹、刮、推、压、切、沾、掏、吹、烫、拍、拉、包、覆盖、镂空等表现手法。陶艺主题裱花蛋糕的着色上采用纯天然果膏及喷粉，可以配合水果的装饰使蛋糕更加美观。

三、陶艺主题裱花蛋糕工具分类

在陶艺主题裱花蛋糕的制作过程中，利用工具可以做出多种花纹以及复杂的造型，例如各种型号的刮片（表4-1）、多功能小铲、烫勺、吸囊等。

表4-1　刮片按材质的分类

按材质分类	材质	作用	优点	缺点
硬质刮片	不锈钢、硬质塑料	辅助制作出花纹、造型	材质硬，结实不易变形	可塑形状单一
软质刮片	软质塑料	辅助制作出花纹、造型	形状多变，小巧	用力过大容易变形

在制作陶艺主题裱花蛋糕时，工具按照材质可以分为硬质刮片和软质刮片，图4-1为硬质刮片，操作中使用最多的刮片为软质刮片（图4-2），因其柔软性更方便控制造型的大小、角度。按刮片边缘分类，还可以分为平口类和锯齿类，平口类可以使蛋糕表面平滑细腻，锯齿类的刮片可以在蛋糕表面制作出精巧的纹路。

图4-1　硬质刮片

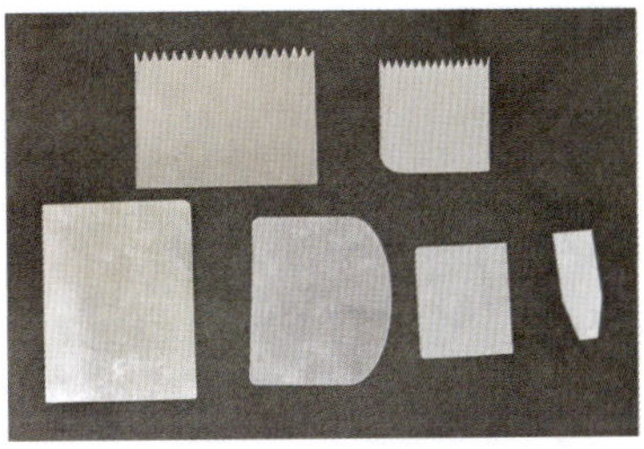

图4-2　软质（塑料）刮片

问题探究

查阅相关资料并借助以下题目完成预习任务。

1. 填空题

（1）通过查找资料，了解陶艺主题裱花蛋糕的基本概念和发展历史，分析为什么要将陶艺这一传统手法应用在裱花蛋糕中。

（2）陶艺主题裱花蛋糕按照形状分类可分为＿＿＿＿＿、＿＿＿＿＿；按照材质可分为＿＿＿＿＿、＿＿＿＿＿。

（3）在蛋糕制作中，平口类陶艺工具起到的作用是＿＿＿＿＿＿＿＿＿＿；在蛋糕制作中，锯齿类陶艺工具起到的作用是＿＿＿＿＿＿＿＿＿＿。

（4）在陶艺蛋糕制作中，常用术语“贴”的释义为：＿＿＿＿＿＿＿＿＿＿＿＿＿＿。

2. 在陶艺主题裱花蛋糕中，多数造型的基础面是奶油圆面。在抹制奶油圆面过程中，刮片二次用力会出现怎样的情况？

任务准备

按照要求完成“制作陶艺主题裱花蛋糕——抹刀推技法”的工作任务准备。

1. 设备工具

本任务需准备厨师机、抹刀、刮片、转台等。

各个小组长汇总本任务所需要的原料和工具，以班级为单位填写工具原料领用单。

2. 原料准备

本任务需按表4-2所示准备原料。

表4-2 制作陶艺主题裱花蛋糕——抹刀推技法原料表

戚风蛋糕坯		裱花蛋糕装饰	
原料	用量	原料	用量
蛋清	5个	红色色素	1瓶
细砂糖A	22g	植物奶油	700g
色拉油	40g	透明果膏	300g
牛奶	40g	裱花袋	5个
细砂糖B	80g		
蛋黄	5个		
低筋面粉	90g		

注：由于植物奶油塑性强、稳定性高，适合初学者使用，故在本任务中选用植物奶油进行操作。

3. 确定工作方案

以小组讨论的形式制订“制作陶艺主题裱花蛋糕——抹刀推技法”的工作方案（岗位分工、岗位职责、岗位要求），并填写工作方案表。

任务实施

1. 奶油圆面的制作

配图	操作方法	操作说明
	将抹制好的蛋糕坯置于转盘上备用	

2. 抹刀推技法

配图	操作方法	操作说明
	按配图所示，准备工具和材料	

配图	操作方法	操作说明
	在蛋糕顶部边缘约2cm处均匀地淋上果膏	
	使用小号刮片，将果膏抹均匀，并将奶油圆面静置约2min	静置的作用是将多余的、具有流动性的果膏流淌干净
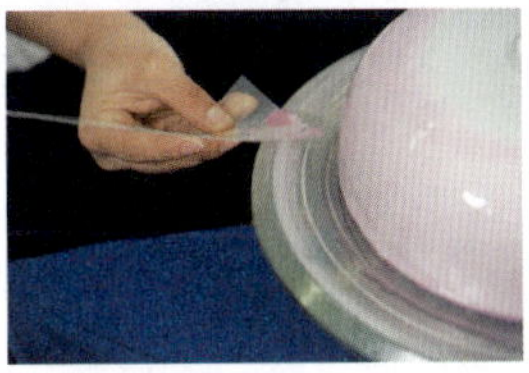	利用刮片的尖角，将多余的果膏收掉	
	抹刀刀柄翘起45°，从蛋糕顶部轻轻下压至距蛋糕边缘3cm处	
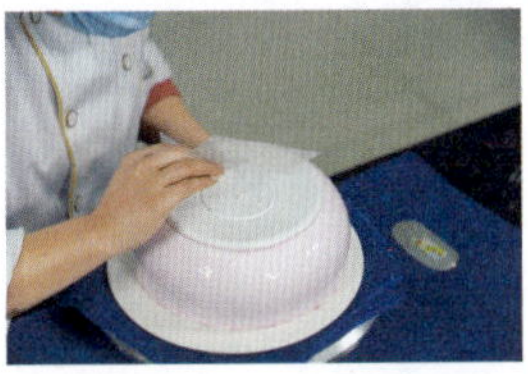	利用大号刮片的圆角，从距离蛋糕中心点4cm处下压并制作出均匀的水纹	陶艺主题裱花技法对基本功要求很高，需要操作者反复练习，具有匠人的耐心、细心
	使用万能刮片，将蛋糕空白的边缘刮出细密的纹路	
	抹刀向外打开30°，沿奶油圆面的形状，向上直提起抹刀	顶部凸出的边要清晰

配图	操作方法	操作说明
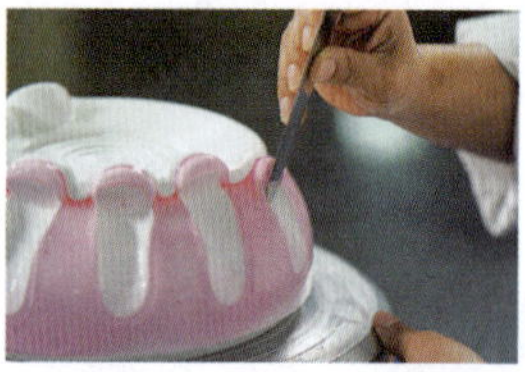	以相同的手法制作出下一条纹路	纹路之间留有1cm的间隔，每个推上去的边间距相同
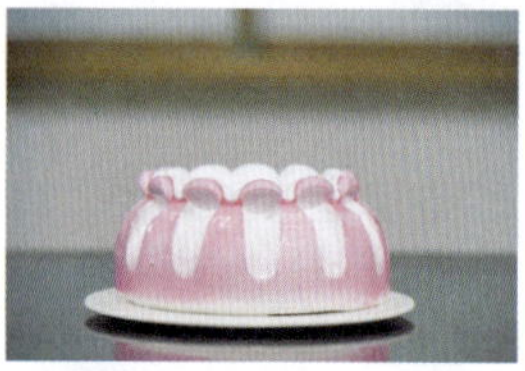	以此类推，制作完成一圈花边	此款难点在于，要保持每条花边距离均等，凸出的边大小相同
	在蛋糕中心水纹处，淋上果膏，再使用刮片刮平	抹刀推法制作过程
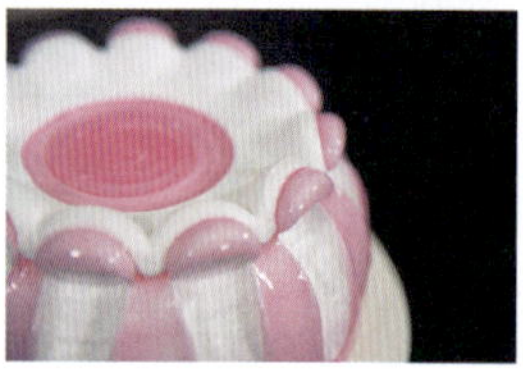	整合产品	

成本核算与流程结束整理

根据实际情况，进行本任务产品的成本核算，并填写成本核算表与流程结束整理清单。

总结与复习

请在完成以下题目的过程中对本任务进行总结与复习。

1. 在制作本任务陶艺主题裱花蛋糕淋面时，蛋糕表面出现多余的果膏，应如何处理？

2. 填空题

在“推”这一手法中，抹刀需要放在奶油圆面边缘处，抹刀__________向内__________奶油，推到蛋糕顶部凸起约__________cm，停顿抹刀垂直向__________收刀。每个凸起的花纹之间间隔__________cm。

3. 根据此款陶艺主题裱花蛋糕造型，结合之前所学，请运用多种装饰手法（水果、花卉、花边）丰富蛋糕的造型，并绘制设计图。

评价反馈

陶艺主题裱花蛋糕制作——抹刀推技法专业能力评价表

学生姓名：________　组别：________　日期：________

评价方式	评价环节	评价项目	评价内容	评价要素	不计分	不及格	及格	良	优
学生自评（10%）	课前评价	基础知识（10分）	自主学习	预习本任务内容，通过网络搜集相关知识材料（10分）	0	—	6.0	8.0	10.0
组间评价（20%）	课中评价	戚风蛋糕坯的制作（5分）	操作过程	正确称配原料；面糊无颗粒、无生粉；烘烤温度和烘烤时间到位；成品色泽金黄，膨胀度较好（5分）	0	1.5	3.0	4.0	5.0
		奶油圆面的制作（5分）		坯体表面平整，无明显气泡、纹路；坯体侧面垂直于转台或金底板（5分）	0	1.5	3.0	4.0	5.0
		抹刀推技法的掌握（5分）		奶油细腻光滑；压出形状立体有致；每个抹刀推出的形状大小统一（5分）	0	1.5	3.0	4.0	5.0
		裱花及产品呈现（5分）		花纹间距均匀；果膏淋洒均匀；装饰色彩搭配和谐（5分）	0	1.5	3.0	4.0	5.0
教师评价（70%）		戚风蛋糕坯的制作（5分）		正确称配原料（1分）	0	0.2	0.5	0.8	1.0
				面糊细腻无颗粒、无生粉（1分）	0	0.2	0.5	0.8	1.0
				成品色泽金黄（1分）	0	0.2	0.5	0.8	1.0
				成品膨胀度较好（1分）	0	0.2	0.5	0.8	1.0
				注意操作卫生与安全（1分）	0	0.2	0.5	0.8	1.0

续表

评价方式	评价环节	评价项目	评价内容	评价要素	不计分	不及格	及格	良	优
教师评价（70%）	课中评价	奶油圆面的制作（15分）	操作过程	坯体表面平整，无明显气泡、纹路（3分）	0	1.0	1.5	2.0	3.0
				坯体侧面垂直于转台或金底板上（3分）	0	1.0	1.5	2.0	3.0
				正确使用专用具（3分）	0	1.0	1.5	2.0	3.0
				勤俭节约，无明显浪费（3分）	0	1.0	1.5	2.0	3.0
				注意操作卫生与安全（3分）	0	1.0	1.5	2.0	3.0
		抹刀推技法的掌握（15分）		果膏淋面均匀（3分）	0	1.0	1.5	2.0	3.0
				压出形状立体有致（3分）	0	1.0	1.5	2.0	3.0
				每个抹刀推出的形状大小统一（3分）	0	1.0	1.5	2.0	3.0
				花纹间距均匀（3分）	0	1.0	1.5	2.0	3.0
				注意操作卫生与安全（3分）	0	1.0	1.5	2.0	3.0
		装饰及产品呈现（10分）	产品展示	装饰组合摆放合理美观（2分）	0	0.5	1.0	1.5	2.0
				装饰整体协调、独特、有观赏性（2分）	0	0.5	1.0	1.5	2.0
				装饰色彩搭配和谐（3分）	0	1.0	2.0	2.5	3.0
				作品在规定时间内出品展示（3分）	0	1.0	2.0	2.5	3.0
		学习能力（10分）	探究归纳	（1）探究错误原因（3分） （2）举一反三，具有知识迁移能力（3分） （3）总结问题的解决办法及重难点（4分）	0	2.0	6.0	8.0	10.0
	课后评价	巩固迁移能力（15分）	总结归纳	能够完成教师布置的作业（15分）	0	4.0	8.0	12.0	15.0
总分									

注：①总分＜60为不及格；60≤总分＜75为及格；75≤总分＜85为良；总分≥85为优。
②每个评分项目里，一旦出现安全问题或不出品皆为0分。

任务二　制作陶艺主题裱花蛋糕——压纹技法

学习目标

知识目标	1. 知道陶艺主题裱花蛋糕的制作流程。 2. 了解陶艺多功能铲的使用和保养方法。
能力目标	1. 能正确组装和使用陶艺多功能铲。 2. 能运用陶艺多功能铲制作陶艺主题裱花蛋糕。 3. 能正确使用及保养陶艺多功能铲。
素养目标	1. 通过制作陶艺主题蛋糕体会中华民族审美意趣与工匠智慧。 2. 通过小组合作完成本任务，培养良好的组织纪律性和团队合作精神。

建议学时

12学时

任务描述

陶艺裱花蛋糕是以陶瓷艺术为灵感，以奶油为材料，借鉴传统陶艺手法制作而成的奶油蛋糕。本任务蛋糕要求以戚风蛋糕坯为底坯，运用陶艺主题裱花蛋糕中的多功能铲（小铲）压纹手法进行制作，并选取相应颜色果膏进行搭配。

请分组完成本任务，过程严格遵守实训室安全操作守则，正确使用工具和设备，遵守卫生标准流程，团队协作完成。

知识导学

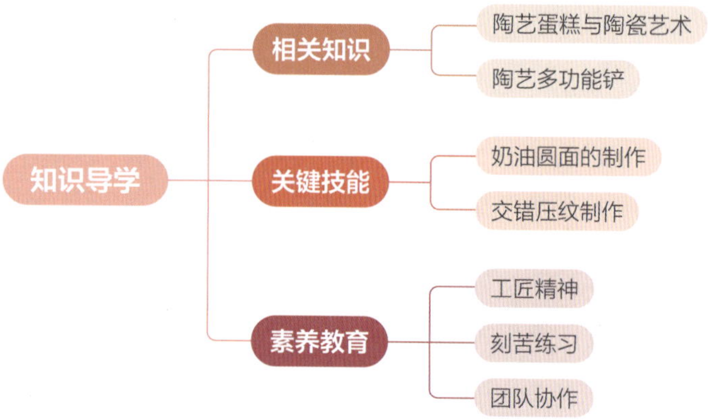

知识链接

一、陶艺蛋糕与陶瓷艺术

在传统陶艺制作中，借转盘旋转之力，用双手把陶艺泥拉成所需的形状，再用刮刀或刮片将其刮光滑，这一过程称为拉坯。制作陶艺蛋糕抹面时，也需用到陶器拉坯的手法，使奶油表面光滑细腻，见图4-3。

在传统陶艺制作中有掏空、挖洞、挑面、压面等许多手法。这些手法可以运用到陶艺蛋糕制作中，并在此基础上利用奶油加热融化的特性，用模具烫出镂空花纹、用剪刀和刮片制作图案，图4-4为镂空奶油图案。

在传统陶艺制作中有步骤为着色赋釉，在陶艺蛋糕中采用瓷质感相似的透明果膏作为上色材料。蛋糕着色的方法与为陶赋釉的方法是差不多的，主要有淋果膏、喷色、裱色等。想要表现彩陶的效果，可采用喷粉或用防潮巧克力粉来增添陶艺质感，也可以用水果、奶油花卉、巧克力配件等进行装饰，见图4-5。

图4-3　陶艺主题裱花蛋糕制作

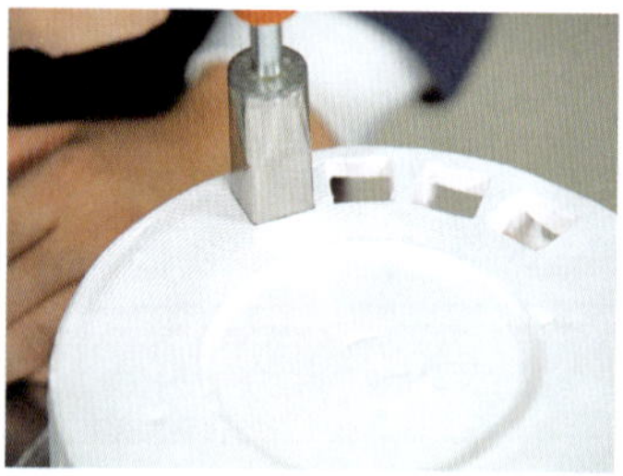
图4-4　陶艺主题裱花蛋糕中的“镂空”

图4-5　陶艺主题裱花蛋糕中的装饰

二、陶艺多功能铲

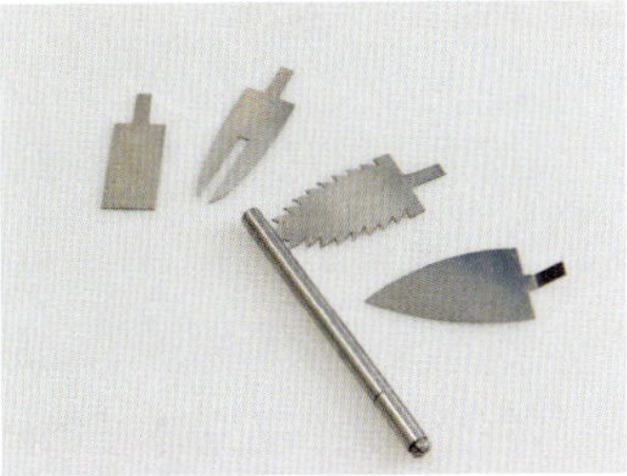

图4-6　陶艺多功能铲

陶艺多功能铲（简称小铲）具有多种刀头，组装后可以制作各种图案，见图4-6，使用方法如下。

（1）选取要用的小铲，将其与杆组装起来，切记不可组装过紧。

（2）组装好的小铲，可直接在淋好果膏的奶油面上进行操作。

（3）也可以通过加热小铲尖端来制作奶油花纹，加热温度不得超过100℃。

（4）在使用小铲制作奶油花纹时，制作完成一个花纹就必须要将小铲清理干净再制作下一条花纹。

陶艺多功能铲组装方法

问题探究

查阅相关资料并借助以下题目完成预习任务。

1. 填空题

（1）在使用陶艺多功能铲的时候需要先确定铲片的________，再将其组装完成，不可以将多功能小铲________、________。

（2）在制作陶艺主题蛋糕时，手指的作用是将工具________、________、________，使用硬质工具时，手指需要________，再利用硬质工具制作出相应的花纹，现阶段使用过的硬质工具有________、________。

（3）在使用软质工具时，手指的作用是将工具________、________、________，软质类工具一旦定形后不可以随意改变形状，在接触奶油后也不可以________，这样是因为________________。

2. 在抹制奶油圆面的过程中，需要注意的问题有哪些？

3. 请简要分析本任务中的产品和上一任务中的产品在造型、手法上有哪些相似和不同。

任务准备

按照要求完成“制作陶艺主题裱花蛋糕——压纹技法”的工作任务准备。

1. 设备工具

本任务需准备厨师机、抹刀、陶艺多功能铲、剪刀、转台等。

各个小组长汇总本任务所需要的原料和工具，以班级为单位填写工具原料领用单。

2. 原料准备

本任务需按表4-3所示准备原料。

表4-3　制作陶艺主题裱花蛋糕——压纹技法原料表

戚风蛋糕坯		蛋糕装饰	
原料	用量	原料	用量
蛋清	5个	红色色素	1瓶
细砂糖A	22g	黄色色素	1瓶
色拉油	40g	粉色色素	1瓶
牛奶	40g	植物奶油	700g
细砂糖B	80g	透明果膏	300g
蛋黄	5个	裱花袋	5个
低筋面粉	90g		

注：由于植物奶油塑性强、稳定性高，适合初学者使用，故在本任务中选用植物奶油进行操作。

3. 确定工作方案

以小组讨论的形式制订“制作陶艺主题裱花蛋糕——压纹技法”的工作方案（岗位分工、岗位职责、岗位要求），并填写工作方案表。

任务实施

1. 奶油圆面的制作

配图	操作方法	操作说明
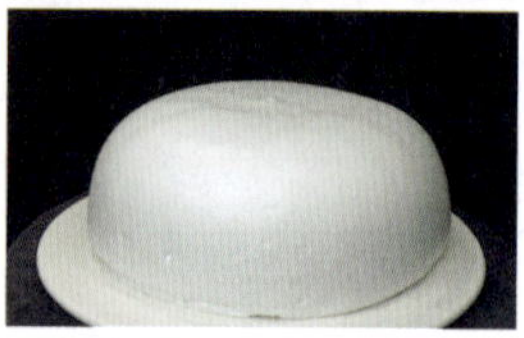	将抹制好的蛋糕坯置于转盘上备用	

2. 交错压纹制作

配图	操作方法	操作说明
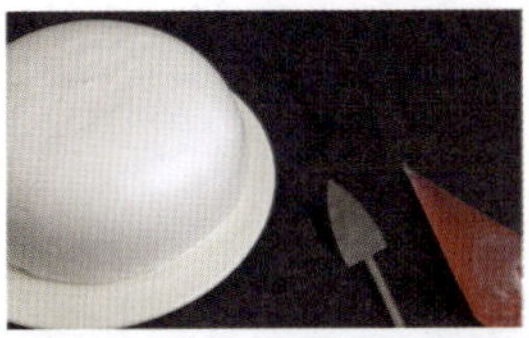	按配图所示，准备工具和材料	调制果膏时，要使用硅胶刮刀在料理盆内里拌匀，防止果膏内气泡过多
	将蛋糕表面均匀淋上果膏	
	使用大号刮片，将果膏涂抹均匀	在刮平果膏时，不可以二次用力，以免将果膏与奶油混合
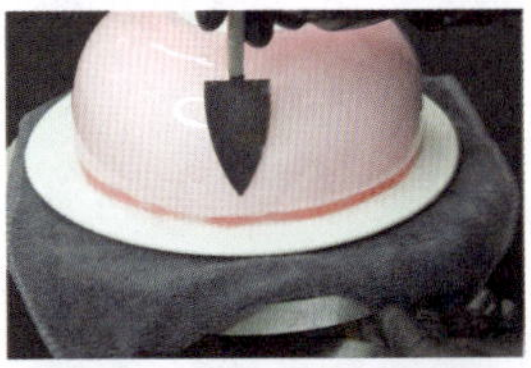	陶艺多功能铲（小铲）放在离底部边缘约为1cm处，向内压出第一层纹路	在制作压纹时，小铲接触蛋糕的位置为前1/3，小铲接触蛋糕的最大面积不要超过1/2
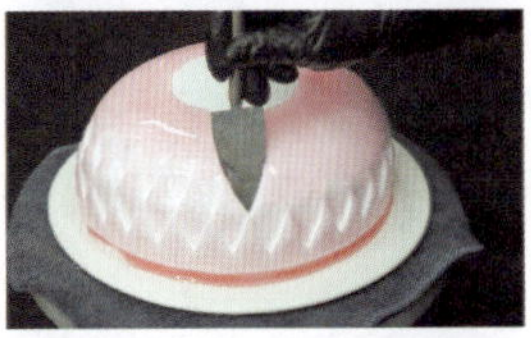	小铲压出的第二层纹路应与第一层交叠	易错点： （1）纹路压得太浅，立体感不强； （2）纹路压得太深，向内至0.5cm即可
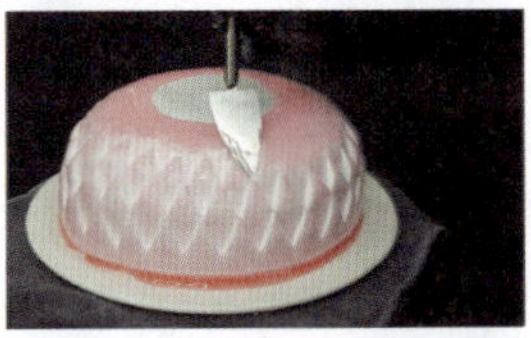	以此类推，压制第三层纹路	
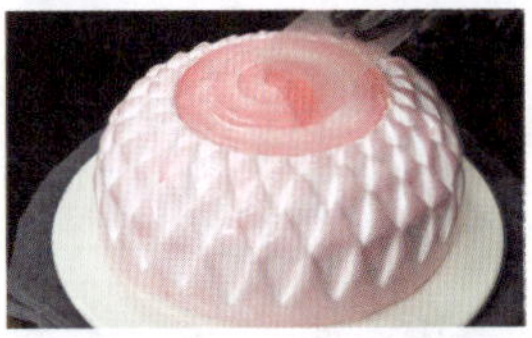	在距蛋糕中心点5cm处，利用大刮片的圆角，从蛋糕坯中心开始制作出均匀的水纹并淋入果膏	压纹技法制作过程
	完成产品，也可以在此基础上继续装饰	

成本核算与流程结束整理

根据实际情况，进行本任务产品的成本核算，并填写成本核算表与流程结束整理清单。

总结与复习

请在完成以下题目的过程中对本任务进行总结与复习。

1. 多选题

在用陶艺多功能铲轻压奶油时，可能出现的易错点有（　　）。

A. 纹路间距太宽　　B. 纹路容易走斜线　　C. 纹路太浅，立体感不强

2. 填空题

（1）在使用果膏进行淋面时，先要将转台________转动，在转盘5点钟位置，均匀将果膏淋在圆弧蛋糕表面。切不可________，否则容易导致奶油外翻。

（2）在制作此款产品时，奶油圆面的厚度为________cm，这样是因为小铲在拍打时奶油面需要有一定厚度才能制作出________花纹。

（3）多功能小铲在拍打时，与奶油圆面间的角度呈________°为最佳，从蛋糕底部向上________的位置开始制作，每个纹路之间间距________cm，在制作第二层时需注意与第一层花纹________小铲放置在蛋糕________点钟位置，小铲与面的角度为________°，越往上制作小铲角度越低。

3. 根据本任务内容结合之前所学，请运用多种装饰手法（水果、花卉、花边）丰富蛋糕的造型，并绘制设计图。

评价反馈

陶艺主题裱花蛋糕制作——压纹技法专业能力评价表

学生姓名：__________　　组别：__________　　日期：__________

评价方式	评价环节	评价项目	评价内容	评价要素	不计分	不及格	及格	良	优
学生自评（10%）	课前评价	基础知识（10分）	自主学习	预习本任务内容，通过网络搜集相关知识材料（10分）	0	—	6.0	8.0	10.0

续表

评价方式	评价环节	评价项目	评价内容	评价要素	不计分	不及格	及格	良	优
组间评价（20%）	课中评价	戚风蛋糕坯的制作（5分）	操作过程	正确称配原料；面糊无颗粒、无生粉；烘烤温度和烘烤时间到位；成品色泽金黄，膨胀度较好（5分）	0	1.5	3.0	4.0	5.0
		奶油圆面的制作（5分）		坯体表面平整，无明显气泡、纹路；坯体侧面垂直于转台或金底板上（5分）	0	1.5	3.0	4.0	5.0
		压纹的制作（5分）		压纹形状立体有致；小铲形状大小统一；交错组合摆放合理（5分）	0	1.5	3.0	4.0	5.0
		裱花及产品呈现（5分）		花纹间距均匀；果膏淋洒均匀；装饰色彩搭配和谐（5分）	0	1.5	3.0	4.0	5.0
教师评价（70%）		戚风蛋糕坯的制作（5分）		正确称配原料（1分）	0	0.2	0.5	0.8	1.0
				面糊细腻无颗粒、无生粉（1分）	0	0.2	0.5	0.8	1.0
				成品色泽金黄（1分）	0	0.2	0.5	0.8	1.0
				成品膨胀度较好（1分）	0	0.2	0.5	0.8	1.0
				注意操作卫生与安全（1分）	0	0.2	0.5	0.8	1.0
		奶油圆面的制作（15分）		坯体表面平整，无明显气泡、纹路（3分）	0	1.0	1.5	2.0	3.0
				坯体侧面垂直于转台或金底板（3分）	0	1.0	1.5	2.0	3.0
				正确使用裱花工具（3分）	0	1.0	1.5	2.0	3.0
				勤俭节约，无明显浪费（3分）	0	1.0	1.5	2.0	3.0
				注意操作卫生与安全（3分）	0	1.0	1.5	2.0	3.0
		压纹的制作（15分）		果膏淋洒均匀（3分）	0	1.0	1.5	2.0	3.0
				压纹形状立体有致（3分）	0	1.0	1.5	2.0	3.0
				小铲形状大小统一（3分）	0	1.0	1.5	2.0	3.0
				压纹交错排列整齐（3分）	0	1.0	1.5	2.0	3.0
				注意操作卫生与安全（3分）	0	1.0	1.5	2.0	3.0
		装饰及产品呈现（10分）	产品展示	装饰组合摆放合理美观（2分）	0	0.5	1.0	1.5	2.0
				装饰整体协调、独特、有观赏性（2分）	0	0.5	1.0	1.5	2.0
				装饰色彩搭配和谐（3分）	0	1.0	2.0	2.5	3.0
				作品在规定时间内出品展示（3分）	0	1.0	2.0	2.5	3.0

续表

评价方式	评价环节	评价项目	评价内容	评价要素	不计分	不及格	及格	良	优
教师评价（70%）	课中评价	学习能力（10分）	探究归纳	（1）探究错误原因（3分） （2）举一反三，具有知识迁移能力（3分） （3）总结问题的解决办法及重难点（4分）	0	2.0	6.0	8.0	10.0
	课后评价	巩固迁移能力（15分）	总结归纳	能够完成教师布置的作业（15分）	0	4.0	8.0	12.0	15.0
总分									

注：①总分＜60为不及格；60≤总分＜75为及格；75≤总分＜85为良；总分≥85为优。
②每个评分项目里，一旦出现安全问题或不出品皆为0分。

任务三　制作陶艺主题裱花蛋糕——镂空技法

学习目标

知识目标

1. 了解陶艺主题裱花蛋糕中刮、压（水纹）、拍、沾、拉、镂空的基本操作要点。
2. 了解陶艺制作的起源和发展。

能力目标

1. 能按照正确操作步骤，使用刮片在陶艺主题裱花蛋糕造型表面制作出均匀的纹路。
2. 能运用镂空的手法制作陶艺主题裱花蛋糕造型。
3. 能正确在陶艺主题裱花蛋糕造型上淋洒果膏，进行装饰。

素养目标

1. 通过课堂学习，体会中国传统陶瓷艺术的魅力。
2. 严格遵守实训室现场7S管理规范，正确使用工具和设备，并进行产品制作。

建议学时

12学时

任务描述

本任务蛋糕要求以海绵蛋糕坯为底坯，运用陶艺主题裱花蛋糕中的镂空技法进行制作，并选取相应果膏淋面进行装饰。请自行分组进行本任务的制作，过程严格遵守实训室安全操作守则，正确使用工具和设备，遵守卫生标准流程，团队协作完成。

知识导学

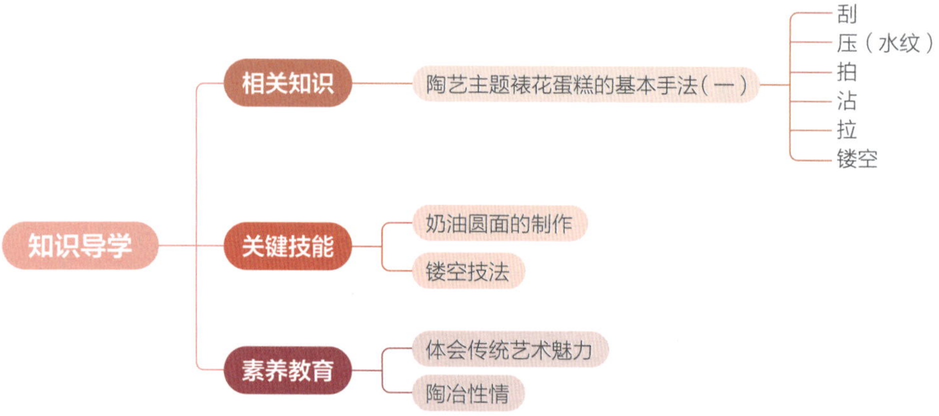

知识链接

陶艺主题裱花蛋糕的基本手法（一）

陶瓷是中华民族的艺术瑰宝，蕴含着丰富的文化内涵与工艺价值，是我国向世界展示中华优秀传统文化的一张靓丽名片。将陶瓷技艺转化到裱花蛋糕制作中，体现了中华优秀传统文化的魅力，下面介绍几种陶艺主题裱花蛋糕的基本技法。

1. 刮

“刮”是修饰陶艺主题裱花蛋糕表面常见的技法，利用工具刮刃使蛋糕光滑、细腻，要点是刮刀必须贴于蛋糕表面，轻轻下压，转动转台直至蛋糕光滑、细腻，操作动作见图4-7。

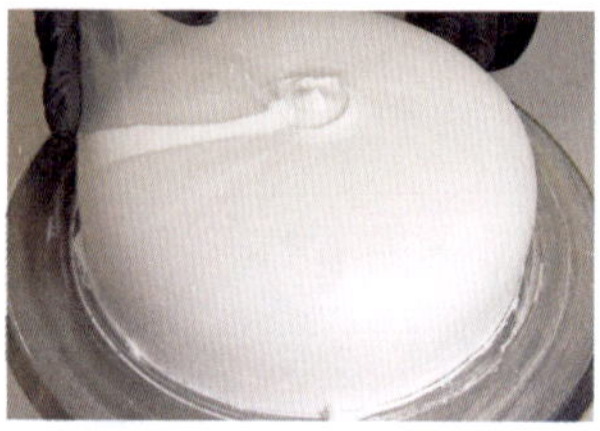
图4-7　刮的手法

2. 压（水纹）

压（水纹）是装饰蛋糕表面的一种样式也是修饰陶艺主题裱花蛋糕顶部毛边的技法，制作水纹时，用直柄抹刀轻轻贴于蛋糕表面，转动转台，抹刀保持在一条线上匀速向蛋糕中心点移动，移动的速度决定纹路的疏密程度，见图4-8。

图4-8　压（水纹）的手法

3. 拍

“拍”可以在蛋糕表面形成一条条间隔均匀的曲线，制作时右手持软刮片，于蛋糕2点钟左右位置，左手转动转台，右手刮片微微倾斜前后移动，保持节奏稳定，花纹整齐柔和，见图4-9。

图4-9　拍的手法

4. 沾

“沾”是在蛋糕表面形成毛刺的常见技法，制作时刮片在2点半钟的位置，倾斜向下压出一定的深度，沿“V”形路线迅速离开，见图4-10。

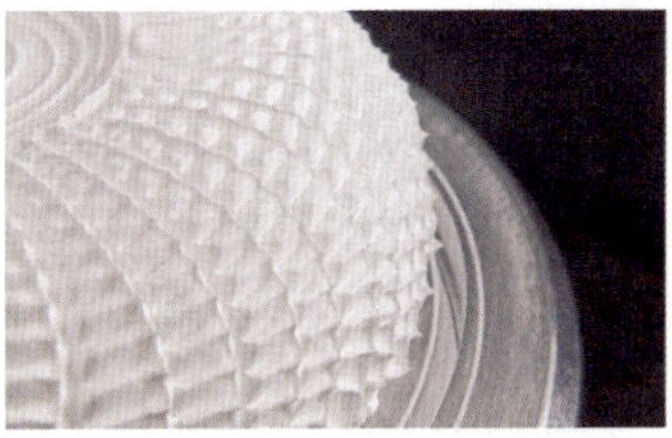

图4-10　沾的效果

5. 拉

“拉”可以使蛋糕表面形成指向中心的直线纹路，制作时可以选用硬质工具或软质工具，左手转动转台、右手持工具放于蛋糕8点钟的位置，逐步向蛋糕中心点移动。硬质工具在“拉”的过程中，与蛋糕表面的变化角度要快，否则凹槽会拉得很深；软质工具应放松手部，利用工具的柔软度来进行“拉”的技法操作，见图4-11。

图4-11　拉的效果

6. 镂空

“镂空”是装饰陶艺主题裱花蛋糕常见的技法，操作过程中使用抹刀从蛋糕顶部中心点内侧开始，转动转盘压出一定的深度，刀尖翘起一定角度形成凹槽，在匀速转动过程中，刀刃始终要贴紧奶油，见图4-12。

图4-12　镂空技法效果

问题探究

查阅相关资料并借助以下题目完成预习任务。

1. 通过查找资料，分析本任务蛋糕结构和比例，并绘制其造型草图。

2. 填空题

（1）制作陶艺主题裱花蛋糕时，需要用到的奶油状态为__________，因为湿性奶油__________，无法制作__________的陶艺主题裱花蛋糕。

（2）陶艺主题裱花蛋糕制作中，常见术语“角度”的释义为：____________________。

（3）在奶油圆面的抹制过程中，是通过__________的方式，将整个圆弧蛋糕表面制作成顶__________、中__________、侧__________的状态，再使用__________将其表面刮光滑，其侧边厚度约为__________cm。

3. 详细说明裱花用透明果膏在调色时，不能直接使用裱花袋调色的原因。

任务准备

按照要求完成“制作陶艺主题裱花蛋糕镂空技法”的工作任务准备。

1. 设备工具

本任务需准备厨师机、抹刀、剪刀、刮片等。

各个小组长汇总本任务所需要的原料和工具，以班级为单位填写工具原料领用单。

2. 原料准备

本任务需按表4-4所示准备原料。

表4-4 制作陶艺主题裱花蛋糕——镂空技法原料表

海绵蛋糕坯		蛋糕装饰	
原料	用量	原料	用量
鸡蛋	250g	粉色色素	1瓶
细砂糖	125g	植物奶油	700g
低筋面粉	100g	透明果膏	300g
泡打粉	2g	裱花袋	5个
盐	1.5g		
水	20g		
色拉油	75g		
SP蛋糕油	20g		

注：由于植物奶油塑性强、稳定性高，适合初学者使用，故在本任务中选用植物奶油进行操作。

3. 确定工作方案

以小组讨论的形式制订“制作陶艺主题裱花蛋糕——镂空技法”的工作方案（岗位分工、岗位职责、岗位要求），并填写工作方案表。

任务实施

1. 奶油圆面的制作

配图	操作方法	操作说明
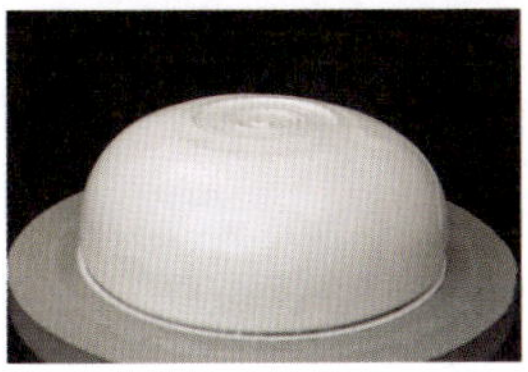	将抹制好的圆弧蛋糕坯置于转盘上备用	

2. 镂空技法

配图	操作方法	操作说明
	按配图中所示，准备蛋糕、工具和材料	
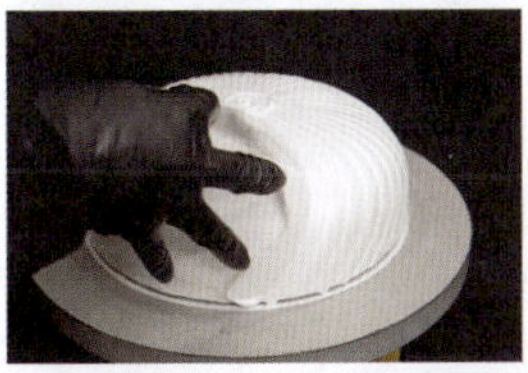	透明刮片翘起35°，从3点钟位置，左手轻轻转动转台，右手刮片贴住蛋糕面向前轻推，拍打出纹路	
	从蛋糕表面顶部2/3处淋上果膏，并用刮片刮光滑	
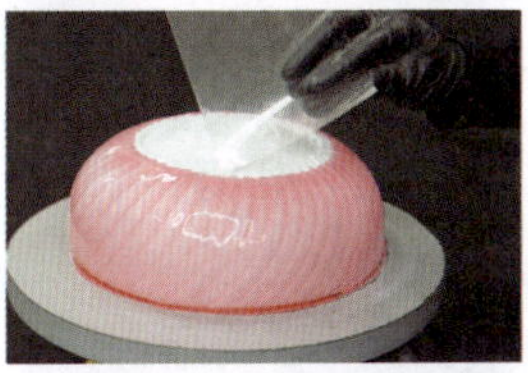	利用刮片圆角，将蛋糕顶部2/3处抹出水纹面	
	在蛋糕顶部水纹面，挤出奶油，奶油高度约是奶油圆面半径的1/2	

配图	操作方法	操作说明
	将透明刮片向内打开35°，左手转转台，右手从9点钟方向，将奶油抹成光滑的圆弧	手指要自然扶住刮片，不要特别用力；在抹奶油的过程中，刮片需贴紧蛋糕面，手指力度均匀；在制作过程中刮片不可随意移动
	将透明刮片向内打开35°，左手轻轻转动转台，右手从3点钟位置，贴住蛋糕面向前推拍打出纹路	
	将抹刀向自己方向打开35°角，刀柄向上翘起45°，放于蛋糕面右侧中心处	
	将抹刀向下压出2~3cm的深度	
	抹刀缓缓向自己方向平行移动至蛋糕边缘1cm位置	
	将刮片圆角向内打开35°，从内侧9点钟位置，取出多余的奶油，再用小刮片抹平	
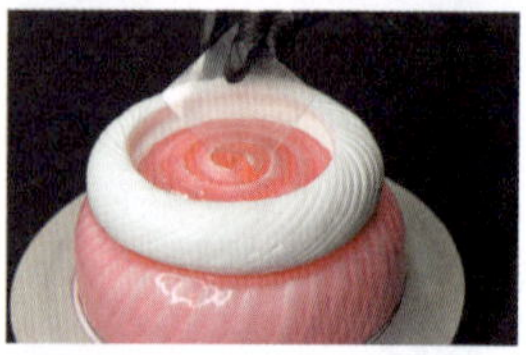	将掏空的内部淋上果膏，用透明小刮片抹光滑	镂空技法制作过程
	蛋糕成品	

成本核算与流程结束整理

根据实际情况，进行本任务产品的成本核算，并填写成本核算表与流程结束整理清单。

总结与复习

请在完成以下题目的过程中对本任务进行总结与复习。

1. 选择题

在圆弧蛋糕表面的基础上做“拍”这一手法时，需要注意（　　）。

A. 刮片时刻贴紧奶油弧面　　B. 转盘转速均匀

C. 不可以带出过多奶油　　D. 纹路间隔均匀

2. 填空题

（1）“镂空”是装饰陶艺主题裱花蛋糕时常见的手法，首先需要________转动转盘，刀尖从奶油弧面顶部________点向下压出一定深度，原地停顿________s，刀刃贴住________，向胸前移动，将整个圆扩到距离奶油弧面底部________cm的位置。

（2）陶艺蛋糕着色方法与陶赋釉的方法相似，主要有________、________等方式。

3. 根据此款陶艺主题裱花蛋糕造型，并结合之前所学，运用多种装饰手法（水果、花卉、花边）丰富蛋糕的造型，并绘制出设计草图。

评价反馈

制作陶艺主题裱花蛋糕——镂空技法专业能力评价表

学生姓名：________ 组别：________ 日期：________

评价方式	评价环节	评价项目	评价内容	评价要素	不计分	不及格	及格	良	优
学生自评（10%）	课前评价	基础知识（10分）	自主学习	预习本任务内容，通过网络搜集相关知识材料（10分）	0	—	6.0	8.0	10.0
组间评价（20%）	课中评价	海绵蛋糕坯的制作（5分）	操作过程	正确称配原料；面糊无颗粒、无生粉；烘烤温度和烘烤时间到位；成品色泽金黄，膨胀度较好（5分）	0	1.5	3.0	4.0	5.0
		奶油圆面的制作（5分）		坯体表面平整，无明显气泡、纹路；坯体侧面垂直于转台或金底板（5分）	0	1.5	3.0	4.0	5.0
		镂空的制作（5分）		掏空后，奶油内部呈“C”字形；纹路形状大小均一；掏空口的奶油边缘光滑（5分）	0	1.5	3.0	4.0	5.0
		裱花及产品呈现（5分）		产品形状立体有致；果膏淋洒均匀；接口处无明显奶油溢出（5分）	0	1.5	3.0	4.0	5.0
教师评价（70%）		海绵蛋糕坯的制作（5分）		正确称配原料（1分）	0	0.2	0.5	0.8	1.0
				面糊细腻无颗粒、无生粉（1分）	0	0.2	0.5	0.8	1.0
				成品色泽金黄（1分）	0	0.2	0.5	0.8	1.0
				成品膨胀度较好（1分）	0	0.2	0.5	0.8	1.0
				注意操作卫生与安全（1分）	0	0.2	0.5	0.8	1.0
		奶油圆面的制作（15分）		坯体表面平整，无明显气泡、纹路（3分）	0	1.0	1.5	2.0	3.0
				坯体侧面垂直于转台或金底板（3分）	0	1.0	1.5	2.0	3.0
				正确使用裱花工具（3分）	0	1.0	1.5	2.0	3.0
				勤俭节约，无明显浪费（3分）	0	1.0	1.5	2.0	3.0
				注意操作卫生与安全（3分）	0	1.0	1.5	2.0	3.0
		镂空的制作（15分）		果膏淋洒均匀（3分）	0	1.0	1.5	2.0	3.0
				拍打纹路形状大小均一（3分）	0	1.0	1.5	2.0	3.0
				掏空接口处无明显奶油溢出（3分）	0	1.0	1.5	2.0	3.0

续表

评价方式	评价环节	评价项目	评价内容	评价要素	不计分	不及格	及格	良	优
教师评价（70%）	课中评价	镂空的制作（15分）	操作过程	掏空后，奶油内部呈“C”字形（3分）	0	1.0	1.5	2.0	3.0
				注意操作卫生与安全（3分）	0	1.0	1.5	2.0	3.0
		装饰及产品呈现（10分）	产品展示	装饰组合摆放合理美观（2分）	0	0.5	1.0	1.5	2.0
				装饰整体协调、独特、有观赏性（2分）	0	0.5	1.0	1.5	2.0
				装饰色彩搭配和谐（3分）	0	1.0	2.0	2.5	3.0
				作品在规定时间内出品展示（3分）	0	1.0	2.0	2.5	3.0
		学习能力（10分）	探究归纳	（1）探究错误原因（3分） （2）举一反三，具有知识迁移能力（3分） （3）总结问题的解决办法及重难点（4分）	0	2.0	6.0	8.0	10.0
	课后评价	巩固迁移能力（15分）	总结归纳	能够完成教师布置的作业（15分）	0	4.0	8.0	12.0	15.0
总分									

注：①总分＜60为不及格；60≤总分＜75为及格；75≤总分＜85为良；总分≥85为优。
②每个评分项目里，一旦出现安全问题或不出品皆为0分。

任务四　制作陶艺主题裱花蛋糕——直包技法

学习目标

知识目标

1. 掌握陶艺主题裱花蛋糕中切、包、挑等基本操作要点。
2. 掌握陶艺蛋糕的直包技法。

能力目标

1. 能正确使用吸囊制作陶艺主题裱花蛋糕。
2. 能正确运用直包技法制作陶艺主题裱花蛋糕的奶油造型。
3. 能根据任务具体要求，正确使用不同材质的刮片制作陶艺主题裱花蛋糕。

素养目标

通过课堂学习和课下练习，提高审美素养。

建议学时

12学时

任务描述

本任务借助转盘的旋转力及专业工具，用裱花蛋糕表现出陶艺的特点，任务要求蛋糕以戚风蛋糕坯为底坯，运用陶艺中的吸囊等进行制作，并选取相应颜色的果膏进行装饰。

分组进行本任务的制作，过程严格遵守实训室安全操作守则，正确使用工具和设备，遵守卫生标准流程，团队协作完成。

知识导学

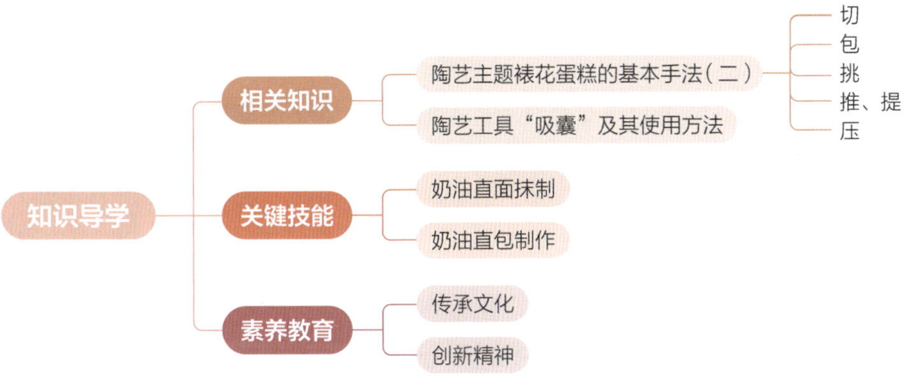

知识链接

一、陶艺主题裱花蛋糕的基本手法（二）

1. 切

“切”的技法可分为侧切、上切，都是蛋糕表面装饰的基础手法，使用工具为软质刮片，见图4-14。

2. 包

“包”可以使蛋糕表面形成镂空的效果，要求奶油具有一定硬度，整个操作过程流畅顺滑，从形态上与传统土坯陶艺异曲同工，见图4-15。

图4-14 “切”的技法

图4-15 “包”的技法

3. 挑

“挑”是装饰陶艺主题裱花蛋糕常见的表面扩张手法，口诀为“（从桶里挑奶油）压一提（当放在蛋糕表面时）一贴一压一拉”。

制作时根据工具不同，表现方式也不同。刮片、抹刀或小铲侧面，表现方式是“贴一压一拉”；烫勺顶部表现方式是“贴一转烫勺一拉”；抹刀弧形、顶部表现方式是“贴一压一提”。“拉”时工具须放在8点钟的位置，“转”时工具须放在9点钟的位置，“提”时工具须放在弧形坯3点钟、顶部6点钟的位置，这样制作挑面时才完美。

4. 推、提

“推”和“提”是装饰陶艺主题裱花蛋糕表面凸起常见的技法，“推”和“提”是用工具在蛋糕的边缘处，垂直向内侧推奶油，推到蛋糕顶部凸起约1.5cm，停顿一会儿，再垂直向上收刀，操作动作见图4-16。

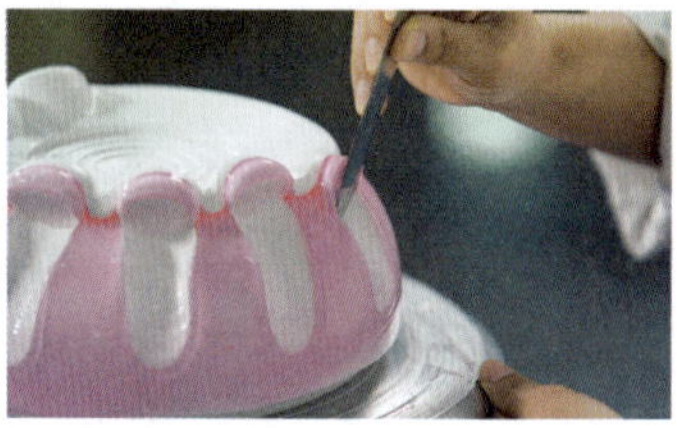

图4-16 “推、提”的技法

5. 压

“压”是装饰蛋糕表面“齿轮”样式常见的手法，用到的工具是各种透明的刮片，“直压”是工具自然向下滑落，深度最大为1.5cm左右；“阶梯压”是将“贴”“压”“平拉”的动作连续循环，形成层层叠叠的效果；也可以把两种技法结合起来，形成“三角形”多层次的外观效果，具体操作手法见图4-17。

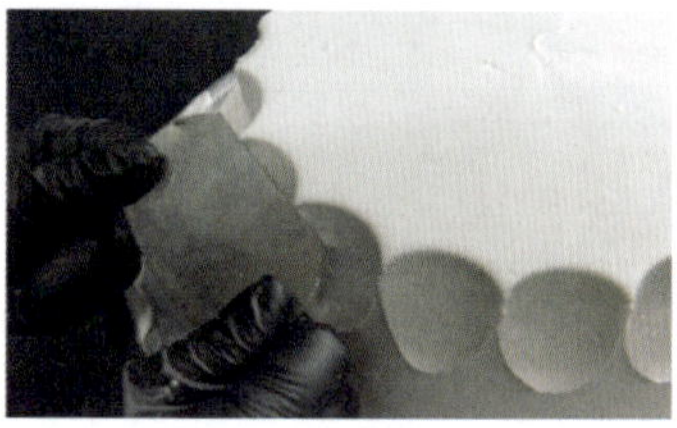

图4-17 “压”的技法

二、陶艺工具——吸囊

镂空技法会使用吸囊，配有不同形状的配件，见图4-18。吸囊一般与酒精灯配合进行使用，先用酒精灯加热吸囊前端将奶油融化，再通过气压吸出，使蛋糕具有镂空的造型，与传统的镂空陶瓷技术相呼应。

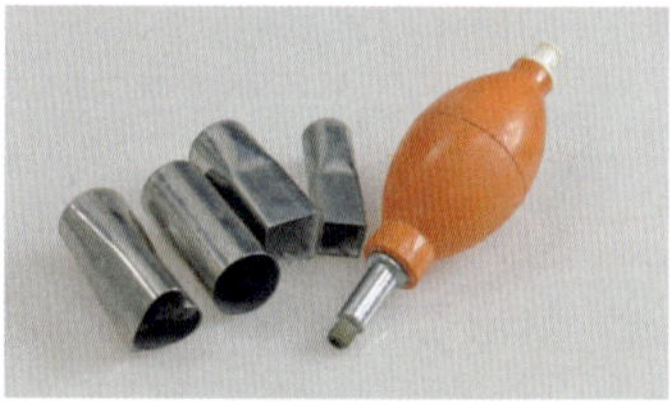

图4-18 陶艺工具吸囊

吸囊使用方法如下。

（1）先将工具准备好，并检查工具及配件的卫生、完整性、安全性。

（2）吸囊方管配件口径、形状选择多样，可根据产品要求自行选择。

（3）将吸囊方管配件与吸囊扣紧。

（4）将方管在酒精灯上加热至60℃后即可使用。

（5）在成功吸出奶油制作出镂空造型后，需要将方管配件擦拭干净，重新加热再次使用。

吸囊组装

（6）吸囊端在使用过程中和清洗中都要避免液体进入，否则会影响工具的使用。

（7）在使用过程中，注意操作安全，正确使用酒精灯。

问题探究

查阅相关资料并借助以下题目完成预习任务。

1. 填空题

（1）对比之前学习过的陶艺主题裱花蛋糕，从以下两个方面分析其与完成本任务过程存在哪些不同？

①工具方面：______________________________。

②制作手法方面：____________________________。

（2）在制作陶艺主题裱花蛋糕的奶油直面时，需要将奶油打发至________状态，但是在制作较难的陶艺主题裱花蛋糕时，奶油需要打发至中性________状态，这是因为造型复杂的陶艺主题裱花蛋糕需要奶油有________。

（3）在使用陶艺吸囊前，需要先确定配件的________、________、________。

（4）在陶艺主题裱花蛋糕制作中，奶油直面是经常用到的奶油面之一，________的手法是抹制奶油直面最快的手法。其需要注意的操作要点是________、________。

2. 请分析本任务过程中存在哪些安全要点。

任务准备

按照要求完成“制作陶艺主题裱花蛋糕直包技法”的工作任务准备。

1. 设备工具

本任务需准备厨师机、抹刀、剪刀、酒精灯、陶艺吸囊、转台等。

各个小组长汇总本任务所需要的原料和工具，以班级为单位填写工具原料领用单。

2. 原料准备

本任务需按表4-5所示准备原料。

表4-5　制作陶艺主题裱花蛋糕直包技法原料表

戚风蛋糕坯		蛋糕装饰	
原料	用量	原料	用量
蛋清	5个	红色色素	1瓶
细砂糖A	22g	植物奶油	1kg

续表

戚风蛋糕坯		蛋糕装饰	
原料	用量	原料	用量
色拉油	40g	透明果膏	300g
牛奶	40g	裱花袋	5个
细砂糖B	80g		
蛋黄	5个		
低筋面粉	90g		

注：由于植物奶油塑性强、稳定性高，适合初学者使用，故在本任务中选用植物奶油进行操作。

3. 确定工作方案

以小组讨论的形式制订“制作陶艺主题裱花蛋糕直包技法”的工作方案（岗位分工、岗位职责、岗位要求）。

任务实施

1. 奶油直面抹制

配图	操作方法	操作说明
	将抹制好的蛋糕坯置于转盘上备用	

2. 直包制作

配图	操作方法	操作说明
 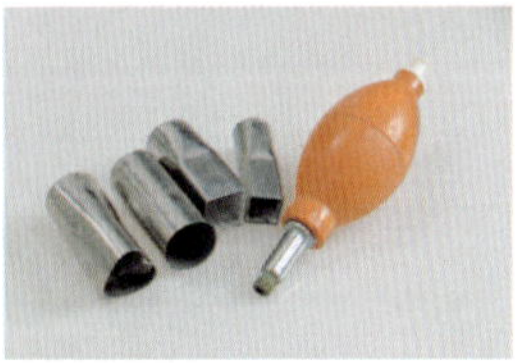	按配图所示，准备好工具	

配图	操作方法	操作说明
	用刮板在距离蛋糕边缘0.5cm处向下切出深度	
	在蛋糕中心推起奶油墙，并用抹刀修出大于吸囊直径1cm宽度左右的奶油镂空	在进行“切”这一操作时，转盘的转速不可以过快，切入点距离蛋糕边缘不能小于0.5cm，否则奶油边会塌掉
	用小刮片，将凹槽处刮平整	
	将果膏均匀挤入凹槽处，并使用小号刮片修平整	
	用小号刮片，使用“切”的手法，将圆心处奶油墙向外覆盖	第二次切出的边，高度一定要大于凹槽的宽度，否则不能完整重合侧边的奶油墙
	切下的边要与侧边边口重合	
	将中间多余的奶油取出，内部淋入果膏，并修平整	中间下凹位置直径约为6cm

配图	操作方法	操作说明
	使用万能刮片刮出纹路	
	将吸囊加热至60℃左右	若吸囊不完全加热，奶油就不能被完整吸出
	吸囊放在距离蛋糕顶部0.5cm的位置将奶油吸出，纹路之间留有宽度	
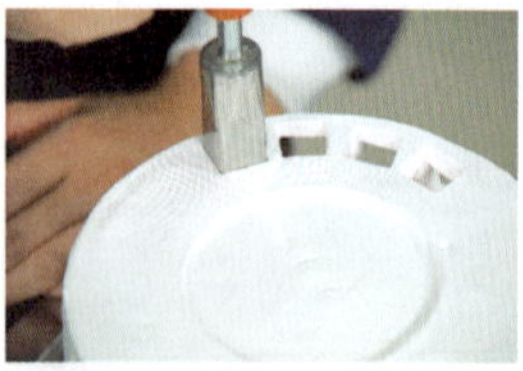	顶部用同样的手法吸出奶油	
	在侧面1/2偏下处修出圆弧，并淋入少量果膏	直包技法制作过程
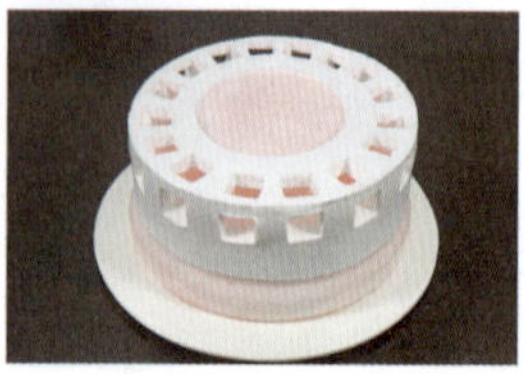	蛋糕成品	

成本核算与流程结束整理

根据实际情况，进行本任务产品的成本核算，并填写成本核算表与流程结束整理清单。

总结与复习

请在完成以下题目的过程中对本任务进行总结与复习。

回顾本任务，完成填空。

1. 陶艺吸囊配件在确定可以使用后，需要先__________将吸囊排空，避免吸囊中有__________影响操作，再将__________的配件安装在吸囊前端，旋紧螺扣，将吸囊放置在酒精灯上加热至__________℃使用。
2. 填全酒精灯的正确操作步骤和注意事项。

（1）使用方法

①打开灯帽，__________，添加__________的酒精；

②点燃酒精灯；

③在火焰稳定后使用__________加热吸囊；

④用完后，用__________盖灭火焰。

（2）注意事项

①添加酒精时，不能在__________状态下加入酒精，绝不能用__________点燃；

②需注意酒精灯__________温度最高；

③禁止用__________吹灭酒精灯；

④禁止加热__________、__________、__________、__________等易燃物品。

3. 在制作任务中产品第二条切边时，最容易出现__________第__________条切边的情况，只有将第二次切出的边____________________才能解决这一情况。
4. 如果出现吸囊总是不能完整吸出奶油的情况，应该做如下调整：
   先确定配件__________大小是否合适；及时清理吸囊配件；将吸囊配件加热至不得低于__________℃。

评价反馈

制作陶艺主题裱花蛋糕——直包技法专业能力评价表

学生姓名：__________________ 组别：__________________ 日期：__________________

评价方式	评价环节	评价项目	评价内容	评价要素	不计分	不及格	及格	良	优
学生自评（10%）	课前评价	基础知识（10分）	自主学习	预习本任务内容，通过网络搜集相关知识材料（10分）	0	—	6.0	8.0	10.0

续表

评价方式	评价环节	评价项目	评价内容	评价要素	不计分	不及格	及格	良	优
组间评价（20%）	课中评价	戚风蛋糕坯的制作（5分）	操作过程	正确称配原料；面糊无颗粒、无生粉；烘烤温度和烘烤时间到位；成品色泽金黄，膨胀度较好（5分）	0	1.5	3.0	4.0	5.0
		奶油直面的制作（5分）		坯体表面平整，无明显气泡、纹路；坯体侧面垂直于转台或金底板（5分）	0	1.5	3.0	4.0	5.0
		奶油直包的制作（5分）		切边干净，边缘无多余奶油溢出；镂空处干净，无明显塌落或多余奶油；镂空间隔大小均匀（5）	0	1.5	3.0	4.0	5.0
		裱花及产品呈现（5分）		产品表面奶油细腻，无明显纹路或气孔；镂空处干净，无多余奶油溢出（5分）	0	1.5	3.0	4.0	5.0
教师评价（70%）		戚风蛋糕坯的制作（5分）		正确称配原料（1分）	0	0.2	0.5	0.8	1.0
				面糊细腻无颗粒、无生粉（1分）	0	0.2	0.5	0.8	1.0
				成品色泽金黄（1分）	0	0.2	0.5	0.8	1.0
				成品膨胀度较好（1分）	0	0.2	0.5	0.8	1.0
				注意操作卫生与安全（1分）	0	0.2	0.5	0.8	1.0
		奶油直面的制作（15分）		坯体表面平整，无明显气泡、纹路（3分）	0	1.0	1.5	2.0	3.0
				坯体侧面垂直于转台或金底板（3分）	0	1.0	1.5	2.0	3.0
				正确使用裱花工具（3分）	0	1.0	1.5	2.0	3.0
				勤俭节约，无明显浪费（3分）	0	1.0	1.5	2.0	3.0
				注意操作卫生与安全（3分）	0	1.0	1.5	2.0	3.0
		奶油直包的制作（15分）		镂空间隔大小均匀（3分）	0	1.0	1.5	2.0	3.0
				产品表面奶油细腻，无明显纹路或气孔（3分）	0	1.0	1.5	2.0	3.0
				切边干净，边缘无多余奶油溢出（3分）	0	1.0	1.5	2.0	3.0
				镂空处干净，无明显塌落或多余奶油（3分）	0	1.0	1.5	2.0	3.0
				注意操作卫生与安全（3分）	0	1.0	1.5	2.0	3.0

续表

评价方式	评价环节	评价项目	评价内容	评价要素	不计分	不及格	及格	良	优
教师评价（70%）	课中评价	装饰及产品呈现（10分）	产品展示	装饰组合摆放合理美观（2分）	0	0.5	1.0	1.5	2.0
				装饰整体协调、独特、有观赏性（2分）	0	0.5	1.0	1.5	2.0
				装饰色彩搭配和谐（3分）	0	1.0	2.0	2.5	3.0
				作品在规定时间内出品展示（3分）	0	1.0	2.0	2.5	3.0
		学习能力（10分）	探究归纳	（1）探究错误原因（3分） （2）举一反三，具有知识迁移能力（3分） （3）总结问题的解决办法及重难点（4分）	0	2.0	6.0	8.0	10.0
	课后评价	巩固迁移能力（15分）	总结归纳	能够完成教师布置的作业（15分）	0	4.0	8.0	12.0	15.0
总分									

注：①总分＜60为不及格；60≤总分＜75为及格；75≤总分＜85为良；总分≥85为优。
②每个评分项目里，一旦出现安全问题或不出品皆为0分。

附录一

工具原料领用单

各个小组长汇总本任务所需要的原料和工具，以班级为单位填写“工具原料领用单”。

工具原料领用单

编号：　　　　　　　　　　　　　　　　　　日期：

<table>
<tr><td>任务产品名称</td><td colspan="4"></td></tr>
<tr><td>任务数量</td><td colspan="4"></td></tr>
<tr><td>任务说明</td><td colspan="4"></td></tr>
<tr><td>任务下达人</td><td colspan="2"></td><td>班组负责人</td><td></td></tr>
<tr><td rowspan="7">工具申领单</td><td>名称</td><td>数量</td><td>名称</td><td>数量</td></tr>
<tr><td></td><td></td><td></td><td></td></tr>
<tr><td></td><td></td><td></td><td></td></tr>
<tr><td></td><td></td><td></td><td></td></tr>
<tr><td></td><td></td><td></td><td></td></tr>
<tr><td></td><td></td><td></td><td></td></tr>
<tr><td></td><td></td><td></td><td></td></tr>
<tr><td rowspan="7">原料申领单</td><td>名称</td><td>数量</td><td>名称</td><td>数量</td></tr>
<tr><td></td><td></td><td></td><td></td></tr>
<tr><td></td><td></td><td></td><td></td></tr>
<tr><td></td><td></td><td></td><td></td></tr>
<tr><td></td><td></td><td></td><td></td></tr>
<tr><td></td><td></td><td></td><td></td></tr>
<tr><td></td><td></td><td></td><td></td></tr>
<tr><td>工具归还记录</td><td>车间卫生安全员
确认签字</td><td></td><td>归还
具体时间</td><td></td></tr>
</table>

附录二

工作方案表

以小组讨论的形式制订任务的工作方案（岗位分工、岗位职责、岗位要求）。

工作方案表

岗位	姓名	工作记录
原辅料领用员		
工具领用员		
卫生环保员		
质量安全员		

附录三

成本核算表

根据实际情况，进行任务中产品的成本核算。

成本核算表

序号	物料名称	品牌	规格/单位	单价/元	数量	小计/元	合计/元
1							
2							
3							
4							
5							
6							
7							
8							
9							
10							
11							
12							
出品数		包装规格		包装单价			
包装成本		单份成本		出品率			

附录四

流程结束整理清单

流程结束整理清单

序号	工序	确认	序号	工序	确认
1	烤箱关闭并清理		9	多媒体关机及白板清理	
2	产品清点包装上缴		10	场地清理	
3	剩余原料清点上缴		11	水池清理及水龙头关闭	
4	借用工具清理上缴		12	清扫工具码放	
5	烤盘清洗		13	各级电源检查	
6	台面清理		14	关灯	
7	戚风模具清洗		15	场地归还	
8	椅子码放				

注：按照要求自检确认后，完成“工具原料领用单”。

①多余原料归还原料库管清点签字。

②工具库管清点签字。

③产品送交产品库管签字。

④按照7S标准完成场地清理，并进行垃圾分类。

参考文献

[1] 王森．蛋糕裱花基础（上册）[M]．北京：中国轻工业出版社，2017．

[2] 王森．蛋糕裱花基础（下册）[M]．北京：中国轻工业出版社，2017．

[3] 王森．蛋糕裱花大全[M]．青岛：青岛出版社，2017．

[4] 凯里·马登．玩美蛋糕裱花：源自欧洲的蛋糕裱花时尚[M]．青岛：青岛出版社，2015．

[5] 国家职业标准．西式面点师[M]．北京：中国劳动社会保障出版社，2001．

[6] 陈明瞭．蛋糕生产工艺[M]．广州：暨南大学出版社，2014．